Springer

The
Evolution
of
the Flight

自然演化的奇迹
飞翔之谜

[奥]
格奥尔格·格莱泽
(Georg Glaeser)

汉斯·F. 保卢斯
(Hannes F.Paulus)

[德]
维尔纳·纳奇加尔
(Werner Nachtigall)

著

顾孝连
译

人民邮电出版社
北京

图书在版编目（CIP）数据

自然演化的奇迹. 飞翔之谜 / （奥）格奥尔格·格莱泽（Georg Glaeser），（奥）汉斯·F. 保卢斯（Hannes F. Paulus），（德）维尔纳·纳奇加尔（Werner Nachtigall）著；顾孝连译. -- 北京：人民邮电出版社，2019.10
（自然万象）
ISBN 978-7-115-50783-9

Ⅰ. ①自… Ⅱ. ①格… ②汉… ③维… ④顾… Ⅲ. ①动物－普及读物 Ⅳ. ①Q95-49

中国版本图书馆CIP数据核字(2019)第025880号

内容提要

本书通过准确生动的描述，配以大量精美的照片、示意图和复原图，介绍了动物王国中各类会飞翔的动物及其飞翔的特点，展现了自然演化的神奇之处，还特地阐述了仿生学在飞行领域中的应用。本书图文并茂，通俗易懂，兼顾知识性、科学性和趣味性，能够帮助读者很好地了解自然界中生物的多样性。

本书适合自然爱好者阅读，也可供相关科研人员参考。

◆ 著　　[奥]格奥尔格·格莱泽（Georg Glaeser）

　　　　[奥]汉斯·F. 保卢斯（Hannes F.Paulus）

　　　　[德]维尔纳·纳奇加尔（Werner Nachtigall）

　　译　　顾孝连

　　责任编辑　刘　朋

　　责任印制　陈　犇

◆ 人民邮电出版社出版发行　北京市丰台区成寿寺路 11 号

　邮编　100164　电子邮件　315@ptpress.com.cn

　网址　http://www.ptpress.com.cn

　北京东方宝隆印刷有限公司印刷

◆ 开本：787×1092　1/16

　印张：16　　　　　　　　2019 年 10 月第 1 版

　字数：363 千字　　　　　2019 年 10 月北京第 1 次印刷

　著作权合同登记号　图字：01-2018-1394 号

定价：88.00 元

读者服务热线：(010)81055410　印装质量热线：(010)81055316
反盗版热线：(010)81055315
广告经营许可证：京东工商广登字 20170147 号

前　言

3 位作者的简介

　　这本书的结构与它的姊妹篇《自然演化的奇迹：动物之眼》类似。我们再一次强调：动物演化的过程本身不能通过照片记录下来，但它的结果可以。在这本书中，我们把重点放在了飞行的演化上——动物王国里被独立地"发明"的各种形式的飞行。格奥尔格·格莱泽既是一个数学家，同时是一个狂热的动物摄影师；汉斯·F.保卢斯是一位经验丰富的演化生物学家；维尔纳·纳奇加尔是运动生理学家和飞行生物物理学家。3 位科学家联手，以图文并茂的方式，通俗易懂地为读者阐述飞行这个科学问题。

　　当然，这本书不仅包含生物学方面的描述，而且涉及技术生物学的各个方面。技术生物学从物理技术的角度描述和解释了大自然的形式和过程。为了更好地理解动物的飞行，我们需要了解飞行技术的某些物理学观点和参数，为此本书对这部分知识进行了简要的介绍。来自生物学的启发也会促进仿生学的发展，本书对此也有所涉及，但这并非本书的重点，对此不进行详细地讨论。

超越生物学视角的摄影

　　本书中所有的照片都是由格奥尔格·格莱泽拍摄的，同时他也负责本书的排版设计。他在拍摄动物的手法上，将情感与艺术（有时也有数学）结合，而不是呆板地遵循动物学上尽可能容易识别的标准。例如，本页中飞行的家燕。这些照片不仅仅展示了它们有趣的飞行技术（第 65 页甲虫的照片显示了甲虫的翅膀是如何工作的，同时也显示了飞行时它们的鞘翅是合拢的而不是展开的）。它们在飞行时投在地面上的阴影反而能提供更多有用的信息。

　　摄影师拍摄的众多照片表明，在甲虫飞到空中之前，它们旋转身体，让阳光直照在背上，从而在地面上投射出一个对称的阴影。这种习性有助于甲虫借助阳光进行定向，而将甲虫与太阳神联系在一起的古埃及人肯定也注意到了这一点。

有些灭绝了的动物只能在绘画中见到了

　　像其他动物一样，飞行动物也已经历了亿万年

昭短尾叶鼻蝠（*Carollia perspicillata*）

白斑芫菁（*Mylabris oculata*）

的演化历程。在石炭纪，蜻蜓就已经飞向空中。鸟类在侏罗纪出现，翼龙在更早的三叠纪就已出现，并在白垩纪灭绝。目前，这些灭绝了的动物只能重现在绘画之中了。艺术家马库斯·罗斯卡尔就在绘制这些已灭绝的动物。他创作了飞行的蛇和滑翔蚂蚁等动物的插图，现在人们用再好的相机也无法拍摄到这些动物了。

本书有时会采用"多图"的形式

飞行是一个动态的过程。单张照片虽然很重要，也非常壮观，但单张照片不能像动画那样被用来对复杂的运动过程进行分析，因为动画通常包含一系列照片，并且这些照片在快速地连续播放（有时也以超慢速播放）。从技术上来说，多张照片也可以用来展示运动过程，例如左边的图片中所展示的。

多角度探讨一个主题

这本书可以看作是对演化树上的飞行动物进行的一项调查。此外，作者还将从不同角度阐明飞行的演化，并对演化过程的不同结果进行比较。本书的内容主要通过照片进行阐述，偶尔用示意图来补充，由于展示的重点放在照片上，所以我们力求行文简洁，但仍然包含基本信息。

参考书目

参考书目可让读者更加深入地探索书的内容。

对页设计

本书版面采用对页设计，读者不需要按顺序从前至后阅读。书中偶尔也会交叉引用其他页面的内容。

图文并茂，丰富多彩

本书旨在突出阐述自然界中可以找到的各种飞行形式。感谢以下人员：丹尼尔·阿布蒂-纳万迪、古德龙·马克萨姆、阿克塞尔·施密德和索菲·扎哈卡。感谢英文版图书的出版商——Spring出版社的斯蒂芬妮·沃尔夫在本书的策划和出版过程中提供的宝贵意见和大力支持。

目　录

第 1 章　飞行——4 亿年的演化
四重演化，以致完美

　　大约 4 亿年前，一些昆虫开始演化出翅膀，之后不久大部分昆虫获得了飞行的能力。2 亿年前，鸟类飞向天空。翼龙（鸟类不是起源于翼龙）可能早在 2.3 亿年前就在天空中翱翔。飞行演化的第四个阶段是 5 000 万年前，哺乳类中的蝙蝠终于飞上天空。

第 2 章　动物飞行摄影
众多挑战

　　本章将讨论在拍摄令人兴奋和富有洞察力的照片时需要注意的几个重要问题。飞行照片通常是摄影师在动物快速飞行时拍下的。昆虫翅膀的振动速度如此之快，只能在毫秒之间进行抓拍。此外，飞行动物与照相机的距离也在不断变化，这使得聚焦更加困难。

第3章 生物学家的观点
流体和尺度

飞行发生在空气中，从更宽泛的意义上讲，飞行也可以发生在水中。体形微小的动物和体形相对较大的动物都可以飞行。利用生物物理学的简单参数，我们可以对飞行进行比较。这样的研究能让我们更为深刻地理解动物在空气和水中运动时所要面临的问题，以及它们是如何解决这些问题的。

第4章 演化的动力
性选择，气候变化

生物能如此有效的演化，一个重要的原因就是它们存在两种性别，而且这两种性别的结合方式多种多样。在大多数情况下，雌性根据某种合适的标准选择雄性，而雄性需要在雌性面前展示自己（雌性选择）。另一种方式是雄性直接通过互相打斗争夺雌性（雄性竞争）。如果群体中一部分个体的下一代的飞行能力比其他个体更好，则这一特征是由遗传突变造成的，而这一突变使它们的生物物理学特性得以发展，甚至接近它们的极限。

第5章 昆虫——最早征服天空的飞行动物
利用每一个生态位

昆虫是无脊椎动物中最成功的类群。大多数昆虫具有一定的飞行能力。事实证明，飞行能力给昆虫的演化带来了巨大的优势，它们的演化迅速而持续地进行着，以至于像非洲巨大花潜金龟和锹甲等巨型昆虫也具有飞行能力。

第6章 鸟类——飞行动物的典范
从蜂鸟到安第斯兀鹫

在脊椎动物中，鸟类是最成功的类群，它们的身影无处不在。始祖鸟被认为是演化理论中经典的"缺失环节"，它们的直系祖先被认为是2亿年前所有鸟类的共同祖先。从那时起，大大小小的鸟类开始在天空中自由地飞行、穿梭、滑翔。它们既为花朵传粉，也捕食昆虫和小型哺乳动物。

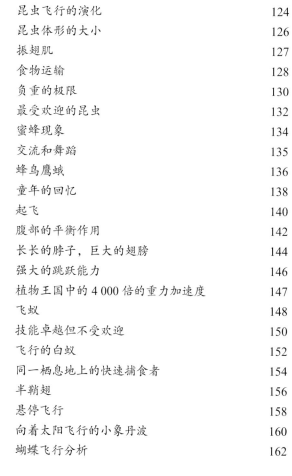

第7章 蝙蝠
飞行的哺乳动物

仅仅在大约 5 000 万年前，蝙蝠才飞向天空。昆虫在空中飞行的历史是蝙蝠的 7 倍，而鸟类在空中飞行的历史是蝙蝠的 4 倍。翼龙在中生代末期气候剧烈变化的时候就已经灭绝，但它们占据空中的时间长达 1.7 亿年之久。通过回声定位，蝙蝠可以在黑暗中自由穿行。

第8章 魅力依旧
飞行：一个永远令人着迷的主题

动物能飞翔于蓝天的事实总是对人类产生巨大的吸引力。今天，生物物理学的知识已经让我们能够理解和分析这一事实。为了利用好每一个可能的生存空间，在生态位的驱动作用下，生物表现出了惊人的演化能力，并把这种能力发挥到了极致，一步一步地从一个里程碑走向另一个里程碑。

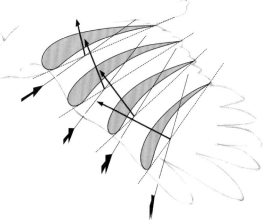

一个"经典设计"：奥托·利连塔尔绘制的大鸟的升力产生草图。本书将在第60页探讨这个主题。

第 1 章　飞行——4 亿年的演化

四重演化，以致完美

　　大约4亿年前，一些昆虫开始演化出翅膀，之后不久大部分昆虫获得了飞行的能力。2亿年前，鸟类飞向天空。翼龙（鸟类不是起源于翼龙）可能早在2.3亿年前就在天空中翱翔。飞行演化的第四个阶段是5 000万年前，哺乳类中的蝙蝠终于飞上天空。

生物演化的地质年代表

46 亿年，其中 7/8 的时间内没有生物化石存在

地球有 46 亿年的历史。目前的方法可以比较精确地追溯和判断生命出现的年代，并根据这些发现进行地质年代划分。最早的化石遗迹可追溯至 5.41 亿年前。地质学家和古生物学家将那以后的历史划分为 3 个地质年代。

5.41 亿年生命历史的划分

这 3 个时代分别被称为古生代（距今 5.41 亿~2.522 亿年）、中生代（距今 2.522 亿~6 600 万年）和新生代（6 600 万年前至今）。这 3 个地质年代可以进一步划分为若干个纪，古生代分为 6 个纪，中生代分为 3 个纪，新生代分为 3 个纪。由于这些时代对生命的演化具有一定的意义，并将在全书中提及，因此，我们在这里列出它们的时间界限和代表性生物（具有翅膀的将以彩色重点标注）。该地质年代表可以在维基百科上查到，但一些划分和术语略有不同。

古生代（53.4%）

- 寒武纪（距今 5.41 亿 ~ 4.854 亿年）：海洋贝类、蠕虫和藻类。
- 奥陶纪（距今 4.85.4 亿 ~ 4.434 亿年）：笔石、三叶虫。
- 志留纪（距今 4.434 亿 ~ 4.192 亿年）：盾皮鱼、昆虫、最早的陆生植物。
- 泥盆纪（距今 4.192 亿 ~ 3.589 亿年）：菊石、最早的无翅昆虫、鱼类、四足动物、树蕨类。
- 石炭纪（距今 3.589 亿 ~ 2.989 亿年）：两栖动物、最早的有翅昆虫、古老的蜻蜓、苔藓植物和木贼类植物。
- 二叠纪（距今 2.989 亿 ~ 2.522 亿年）：两栖类、爬虫类、针叶树。

中生代（34.4%）

- 三叠纪（距今 2.522 亿 ~ 2.013 亿年）：爬行动物、恐龙、鱼龙、翼龙。
- 侏罗纪（距今 2.012 亿 ~ 1.45 亿年）：恐龙、早期鸟类、早期哺乳动物、蕨类植物。
- 白垩纪（距今 1.45 亿 ~ 6 600 万年）：袋鼠、被子植物。

新生代（12.2%）

- 早第三纪（距今 6 600 万 ~ 2 303 万年）：开花植物、灵长类动物、蝙蝠。
- 新第三纪（距今 2 303 万 ~ 258.8 万年）：人科。
- 第四纪（258.8 万年前至今）：猛犸象、人类。

地质年代的类比

让我们将地球 46 亿年的历史比作一天。那么，在 00:00 时地球诞生，直到 21:45，最早的有翅膀的昆虫才出现。紧跟着，最早的会"飞"的鱼出现。在 23:00 左右，最早的鸟类和最后的翼龙同时存在。能够滑翔的哺乳动物大概在 23:35 出现。也就是说，这本书中介绍的所有的飞行主角在午夜前的 2 小时 15 分里才相继出场。[注：根据这个类比，智人（*Homo sapiens*）在午夜前 3.6 秒才出现

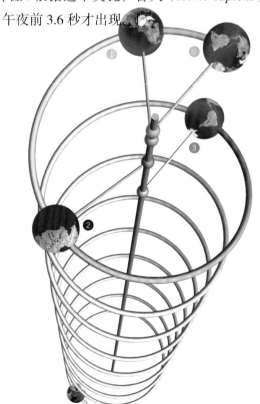

化 石

只有一小部分动物存活下来

从古生代以来的 5.41 亿年时间里，据推测共有约 10 亿种动物和植物（大部分已经灭绝）曾经出现在地球上。在这段时间里，一定产生了很多的动物骨骼，这就出现了一个问题：生物死亡后其身体在什么情况下可以不被分解，从而保留下身体的组织、形态或结构。到目前为止，被科学地记录下来的化石已有十几万种，但是形成这些化石的动物只是全部动物中的一小部分，化石主要存在于沉积岩（通过地表物质沉积或地下水的作用形成）中。

化石是如何形成的

鸟类骨骼，如本页所示的鸟类骨骼，可以在相当长的一段时间内完好无损地保持原状（上图是一副鸟类骨架刚被发现时的照片，右上图是同一副骨骼相隔半年后的照片）。然而，从长远来看，这些骨骼最终会因风雨的侵蚀而完全消失。在这本书中，我们偶尔会提及真正的化石，例如著名的始祖鸟（"缺失的环节"，见第 166 页）或以琥珀形式保存的相对稀有的生物。化石只有在动物身体不腐烂分解的情况下才能形成。因此，首先始祖鸟的遗体一定是被冲到侏罗纪海底的无氧区，或者深埋在富含油气的沼泽中（德国达姆施塔特市附近的梅塞尔化石坑中的许多化石就是这样形成的）。然后，遗体可能被沉积物包裹，或者在稍后的地质年代里被嵌入油页岩中，随着外部压力的增加，最终它们在那里石化形成化石。

柏林始祖鸟标本复制品

相对年龄和绝对年龄的确定

一个简单的经验法则是，最古老的沉积岩层在最底层，最新的地层在最上面。根据这个法则，我们可以将一个地层中的化石与另一地层中的化石区别开来。某些元素（如铀、钍和钾）的半衰期长，可以用来确定这些岩层的绝对年龄。

演化——永恒的过程

演化或者动植物的变化是如何发生的

　　演化是指生物随着时间的推移而发生的变化。人们很早就认识到植物和动物经历了各种各样的变化，但是人们不知道是什么原因引起了这些变化。人们注意到，后代与父母不同，任何一代发生的变化都很小，这种变化要比人们看到的不同物种之间的差异要小。然而，一直到达尔文才回答了引起物种大规模变化的原因。达尔文的自然选择理论解释了演化是如何发生的。

自然选择：遗传组成的结果

　　自然选择，简单来说就是同一物种中的两个个体在生殖成功率上的差异。如果这种差异不仅仅是巧合的结果，而是因为生殖成功率高的个体能更好地适应环境，它们会比其他个体产生更多的后代。如果这种适应能力是可以遗传的，它将对下一代的遗传组成产生影响。所以，这种生殖优势（也被称为适合度）也就是可以遗传的了。

系统演化

达尔文的观点

1859 年，达尔文提出了几个关于生物体随时间变化的观点。

- 生物演化意味着随着时间的推移，所有生物种群的表型会发生变化。

- 这些变化是一点一点缓慢地发生的，其结果表现为子代与亲代的差异。

- 物种的多样性源于生物演化系统树的分化。

- 在生物系统演化史上，控制多样化最重要的机制是自然选择，达尔文认为它的重要性等同于动物和植物育种工作中的人工选择。

- 所有的生物体都有一个共同的祖先。生物多样性是继化学演化过程之后生物系统数十亿年发展出的产物。既然这个发展是从一个共同的祖先物种开始的，因此地球上所有的生物之间都是相关的。（译者注：化学演化是原始生物产生之前的一个演化时期，在这个时期无机物分子演化出了有机物分子，为原始生物的产生提供了条件。）

此图显示的是一只雄性善变蜻蜓（*Neurothemis terminata*），这是一种出现于南亚的一体形较大的蜻蜓。蜻蜓在石炭纪（尤其是具有 72 厘米翼展的巨型蜻蜓）就已经存在了，从那时开始，它们几乎没有发生变化。并非所有生活在石炭纪的蜻蜓都是体形巨大的，其中一些种类的体形是正常大小的。早期蜻蜓的巨大体形可能与当时空气中高浓度的氧含量有关（这种解释也适用于当时的其他昆虫）。然而，大约 1.5 亿年前，蜻蜓的体形变小了，但当时空气中的氧含量并没有明显下降。一个解释是，鸟类在那时开始出现，当大型蜻蜓由于体形过大和飞行缓慢而沦为鸟类的食物时，小型蜻蜓具有了生存优势。

所有的生命都来自海洋

在历史上，加拉帕戈斯群岛与达尔文有着紧密的联系。这张照片展示的是位于狼岛附近著名的岩石——达尔文拱门。

在下面的照片中，你可以看到生活于这片水域里的水生生物：前景是一群纳氏鹞鲼（*Aetobatus Narinari*），后面是一个巨大的无沟双髻鲨（*Sphyrna mokarran*）。地球上的所有生命都起源于海洋。已知的最古老的脊椎动物出现于距今 4.7 亿至 4.5 亿年的奥陶纪早期。软骨鱼类（鳐、鲨鱼）最早出现在大约 4.2 亿年前的志留纪到泥盆纪的过渡时期。看到鳐鱼的游泳会让人联想到飞行，这并非巧合。达·芬奇曾经说过："观察水中鱼类的游泳，你就能理解天空中鸟类的飞翔。"

"缺失的环节"

古生物证据

在达尔文时代，支持他观点的证据可以从古生物学中找到。岩层作为了解过去的窗口，使我们可以通过采用现代方法精确地判断其地质时间的长短。原始生物化石存在于较老的（较早的）岩层中。最早的脊椎动物的化石存在于较晚的（较年轻的）岩层中，鸟类和哺乳动物的化石则存在于更晚的岩层中。

脊椎动物在演化的后期才出现

即使在达尔文时代，人们已经从岩层给出的证据中得出，脊椎动物是在无脊椎动物之后演化出来的，鸟类是在所有的恐龙出现之后才出现的，这些化石可以作为生物演化的关键证据。

"缺失的环节"

最早的原始鸟类（始祖鸟）化石的发现，给演化的研究带了极大突破。关于演化和自然选择，达尔文声称其间一定存在所谓的"缺失的环节"，各种动物类群的演化并非是独立的，而是通过这些环节互相联系在一起的。众多这样的连接环节已经先后被发现，因此可以说已经不存在"缺失的环节"了。

对神创论的有力反驳

达尔文的观点自诞生以来，就从科学和实证的角度对创世神话做出了有力的反驳。例如，《圣经》中的创世记以及世界各地的其他许多类似的神话都认为所有的物种都是由神创造出来的，而且一直保持不变。进化论的提出引发了一场持续至今的辩论，这种辩论已经超越了科学本身的范畴。

自然选择理论的建立

在达尔文时代，育种工作者就已知道动物和植物性状的变化可以通过选择性育种来实现。他们让动、植物不停地繁殖，直到偶然培育出符合要求的个体。也就是说，育种工作者期待着所谓的"热点"在他们繁殖的样本中出现，然后用这些"热点"来继续繁殖。现在人们知道，这些"热点"实际上是突变，即生物体生殖细胞中的遗传变化。通过一代又一代的不断选择，育种工作者逐渐得到了他们想要的性状。达尔文认为，自然界中也存在类似的选择机制。

在演化谱系中，始祖鸟是带羽毛的恐龙和现代鸟类之间的一个重要的连接环节。在这个连接环节被发现之前，我们能做的就只有假设。始祖鸟的发现不仅揭示了一个明显的连接环节，而且支持了鸟类是从恐龙演化而来的观点。

"适者生存"和难以置信的遗传变异

繁殖成功率的差异

自达尔文以来，自然选择已经解释了种群中不同个体之间繁殖成功率的差异是由它们之间遗传质量或适应性的不同造成的。因此，繁殖成功率上的差异不仅仅是巧合，而是个体之间遗传构成差异的反映，这会对其后代种群的遗传结构产生影响。那些能繁殖更多后代的个体，增加了后代中携带更适应环境的遗传物质的个体的数量。由于种群的规模往往保持不变，一类个体数量的增加必然意味着其他产生较少后代的个体的逐渐消失。也就是说，成功的突变体会逐渐取代那些不那么成功的突变体。

"适者生存"

达尔文提出了"适者生存"或"生存斗争"。适者生存不是指动物用牙齿和利爪，为生存而发生的实际的争斗，而是指在繁殖成功率方面的竞争。例如，胜利者是那些可以从猎豹的追捕下逃脱的个体，而不是那些逃不出来的个体。当然，猎豹也遵循同样的原则，比猎物奔跑得更快的猎豹能更成功地养活它们的幼崽。简单来说，这意味着只有胜利者才能够成功繁殖。通常，这样的个体可以繁殖出更多的后代，而

在它们的后代中，会再一次上演只有获胜者才能生存的游戏。

基于环境因素的选择

与人类育种过程中的人工选择不同，自然界中的选择是通过环境进行的。环境因素包括所谓的生物因素和非生物因素。非生物因素包括温度和湿度。生物因素是指生活在同一环境中的生物之间的关系（特别是它们对资源的竞争关系）。

遗传变异是选择的前提条件

只有在种群中的个体存在差异且遗传质量不同时，自然选择才会发挥作用。大自然提供了一种产生这种变异的巧妙的方法，那就是在生命演化的早期阶段就"发明"了性别，从而产生了两性生殖以及两性生殖过程中的减数分裂。

父母染色体的重新组合

减数分裂是一种特殊类型的细胞分裂。与细胞的有丝分裂不同，在减数分裂过程中染色体的数量减少了一半。这意味着来自父亲和母亲的染色体重新进行了组合。这种细胞分裂和遗传物质

重新组合的结果形成了生殖细胞或配子。

每个生物体在遗传上都是独一无二的

细胞的减数分裂使遗传变异具有无限的可能性。这可以通过一个非常简单的例子来加以说明。每个生物体在遗传上都是独一无二的，只要看看我们人类自己，就可以了解这一点。没有人与其他人完全一样，每个人都有独一无二的指纹。用简单的遗传术语来说，每个个体都有独一无二的基因型。例如，一个基因（1个基因座）具有一个等位基因，将在后代中产生3种不同的基因型，可以用符号表示为AA、Aa和aa。在这3种基因型中，两种是纯合体（AA和aa），一种是杂合体（Aa）。A代表显性，a代表隐性。因此，如果一种生物有n个基因（n个基因座），那么后代的基因型就将有3^n种不同的遗传组合。

指数增长

也就是说，当n = 20时，将可以产生几十亿种不同的基因组合；当n = 30时，这个数字将大于200万亿。然而，每个人至少有1 000个基因（1 000个基因座），可以在后代中产生$3^{1\,000}$种不同的基因型。由于这个数字如此之巨大，大到难以想象的地步，因此，两个人的基因型相同的概率基本上为零。类似地，每一个基因座上有两个等位基因，1 000个基因座可以产生$2^{1\,000}$种可能的组合。这些等位基因的组合发生在减数分裂的过程中，也就是在精子和卵子产生之前。这个数字就已经是几乎无限大了，因此，每一个精子和每一个卵子都是独一无二的。所有这些作用因素加在一起，就几乎有了无限变化的可能性。如果再加上基因突变，可能的变异数量将进一步增加。因此，自然选择是发生在几乎取之不尽的遗传差异的基础上的。

并非偶然，而是统计学上的必然

在一个种群中，一些个体比另一些个体有更多的后代，这种自然选择的结果不是巧合的产物。相反，自然选择实际上完全不是偶然事件。然而，自然选择过程是建立在统计学的基础上的，就像在掷骰子的游戏中，一次的投掷结果是没有意义的。在遗传变异的过程中，变异成哪种类型是随机事件。预测哪些不同的等位基因将在减数分裂的过程中组合是不可能的，预测是否可能发生某种突变也是不可能的，这些都是随机变化的结果。然而，这些变异体中的哪一个最终将在繁殖过程中获胜已不再是偶然的事情了。因此，如果有人认为人类仅仅是生物演化的偶然产物，那么他一定误解了什么是自然选择以及自然选择是如何发挥作用的。

鼯鼠和其他滑翔动物

当飞行能力为生存提供优势时……

当滑翔的翅膀或器官给一部分动物个体的生存带来好处时，这将导致这些个体产生更多的后代，这种特性也将进一步传给后代。如果被捕食的压力很大，那么拥有飞行能力的个体的数量很可能在一个种群内迅速地增长起来，这也将有助于它们逐步改善这些翅膀或滑翔器官。

决定飞行器官的"参数"

在演化过程中，什么样的飞行器官将会演化出来，取决于各种条件以及生物体所处的环境类型。物理定律提供了一个条件框架来引导翅膀和滑翔器官的演化。已经存在的四肢也是翅膀演化的先决条件，然后这些已有的结构逐渐变化，以适应飞行。

三种脊椎动物翅膀的趋同演化

脊椎动物从前肢演化出了翅膀。翼龙、鸟类和蝙蝠三类脊椎动物趋同演化出了飞行器官，它们的翅膀虽然在结构上各不相同，但都赋予了它们飞行的能力。有翅昆虫也称为有翅亚纲（Pterygota，来自希腊语的"翅"），它们飞行器官的起源各不相同，关于这些翅是如何演化

出来的还有待进一步地研究。

滑翔哺乳动物早在蝙蝠之前就存在了

滑翔器官存在多种独立的演化方式。著名的例子是约 37 种鼯鼠（属于松鼠科动物，常见的松鼠也隶属于松鼠科），其中大多数种类分布在东南亚地区。此外，南美洲有两种。还有一种叫小飞鼠（*Pteromys volans*），分布范围从北欧到日本，比较常见。它们的体长（不包括尾巴长度）从 7 厘米 [低泡飞鼠属（*Petinomys*）和矮小鼯鼠（*Petaurillus emiliae*），产自加里曼丹岛北部] 到近 60 厘米 [棕鼯鼠（*Petaurista petaurista*）产自东南亚]。它们的共同之处是前腿和后腿之间都具有一张可以展开的皮膜。皮膜展开后就像一副滑翔伞，让它们可以从一棵树上滑翔到另一棵树上，滑翔距离可达 100 米以上，长长的尾巴在飞行的过程中起到平衡和稳定作用。另外值得一提的是一种食虫哺乳动物——远古翔兽（*Volaticotherium antiquus*），它们是一种古老的滑翔哺乳动物，与鼯鼠之间没有亲缘关系。它们体长 12~14 厘米，生活在约 1.25 亿年前。所以，在蝙蝠出现以前，它们已经存在了大约 7 000 万年。像今天的鼯鼠一样，它们也是滑翔而不是真正地在飞行。

啮齿动物与有袋动物——滑翔的趋同演化

飞鼠（*Pteromys*）和袋鼯（*Petaurus*）都可

NACHTIGALL W. Gleitverhalten, Flugsteuerung und Auftriebseffekte bei Flugbeutlern . Biona-report 5. Bat flight - Fledermausflug. Akad. Wiss. Lit. Mainz, Fischer, Stuttgart, 1986: 171-186.

以展开前后腿之间的皮膜进行滑翔。它们看起来非常相似，大小大致相同，身长约 20 厘米，尾巴和身体几乎等长。然而，它们彼此之间没有直接的亲缘相关，一个是啮齿动物，另一个是有袋动物。

研究表明，这两类动物在滑行时，高度每下降 1 米至少可以滑翔 1.5 米。因此，它们的滑翔比超过 1.5。同时，录像资料表明它们的确可以获得更大的滑翔比。它们可以通过改变翼膜的曲度以及尾巴的姿态来控制滑翔。凭借这种本领，它们可以从一棵树的顶端跳下，滑翔到另一棵树上，然后再向上爬。

滑翔的爬行动物

飞蜥属（Draco）约有 42 种，它们也是滑翔动物，分布在东南亚。它们是鬣蜥科（Agamidae）的成员，体长可达 20 厘米以上，尾细长，占身体长度的一半以上。雄性背面有轻微锯齿状的背脊和一个橘黄色的喉翼。雌性有一个蓝色的喉翼，比雄性的小很多。飞蜥身体两侧有附着在延长的肋骨之上的皮膜，皮膜颜色鲜艳，上面有黄色和黑色的条纹。它们可以展开皮膜在大树之间滑翔。当它们感受到威胁时，也会展开皮膜。它们滑翔的平均距离为 20~30 米，高度落差为 5~8 米。最大滑翔距离可达 60 米。在滑翔过程中它们通过尾巴的摆动来保持身体平衡。它们能利用尾巴和

皮膜的运动来控制方向，这让它们可以直接瞄准目标滑翔，也可以避开滑翔途中的障碍物。在中国发现了一种白垩纪的滑翔鬣蜥——赵氏翔龙的化石，它们也是利用延长的肋骨来支撑皮膜进行滑翔的。这是另一个趋同演化的例子。

其他的滑翔爬行动物

有 8 种飞行壁虎（Ptychozoon，飞守宫属）发展出了另外一种滑翔方式，它们是东南亚特有的物种。飞行壁虎是一类身体扁平的蜥蜴类动物，体长可以达到 20 厘米。它们的尾巴几乎和躯干一样长。它们的躯干两侧、头部、尾巴、四肢和脚趾间都长有皮膜。这些皮膜起到滑翔伞的作用，让它们能够通过滑翔来飞行较短的距离。飞行壁虎甚至有能力在飞行中改变方向。它们还有宽而扁平的脚趾垫，上面长有薄片状的吸盘。

飞蛙

在东南亚，有一些树蛙属（Rhacophorus）的蛙类，它们的脚趾间也发展出了类似的滑翔膜。华莱士飞蛙（Rhacophorus nigropalmatus）的命名是为了纪念英国生物学家阿尔弗雷德·拉塞尔·华莱士。他与达尔文生活在同一个时代（19 世纪中期），同时他也是达尔文建立的自然选择学说的强力竞争者，他考察了马来群岛，并将第一批飞蛙从那里带到了欧洲。

滑翔于大树之间

利用脚趾之间的蹼膜，飞蛙可以滑翔 20 米的距离。在众多种类的飞蛙中，最著名的是黑蹼树蛙（Rhacophorus reinwardtii），又称绿飞蛙或雷瓦尔德树蛙，它们身体的长度不超过 8 厘米。利用长趾之间的蹼膜，飞蛙能够从一棵树滑翔到另一棵树上（见第 45 页）。关于其他各种奇异的飞行动物，请翻阅前面的介绍。

DUDLEY R, BYRNES G, YANOVIAK S P, et al. Gliding and the Functional Origins of Flight: Biomechanical Novelty or Necessity? Annual Review of Ecology, Evolution, and Systematics, 2007, 38: 179-201 .

EMERSON S B, KOEHL, M A R. The Interaction of Behavioral and Morphological Change in the Evolution of a Novel Locomotor Type: "Flying" Frogs. Evolution,1990, 44 (8) :1931-1946 .

有史以来最大的飞行动物

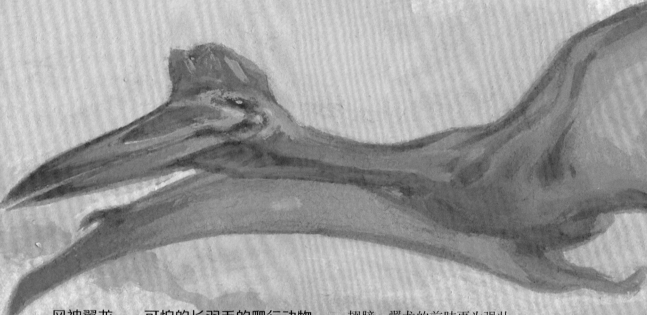

风神翼龙——可怕的长羽毛的爬行动物

如今，鸟类、昆虫和蝙蝠（哺乳动物）可以被认为是空中的统治者。然而，在侏罗纪，古鸟类，如著名的始祖鸟和其他一些古鸟类已经开始飞翔。但在当时以及后来的白垩纪，统治空中的是爬行动物，特别是巨大的翼龙类。其中，诺氏风神翼龙（*Quetzalcoatlus northropi*）的翼展为 12 米，被认为是有史以来最大的飞行动物。

只能从悬崖上跳跃起飞，一旦站在平地上真的那么无助吗

据推测，最大的翼龙只能通过跳崖的方式起飞。所以，如果它们一旦降落在平原上，就再也飞不起来了。最新的研究表明，这些翼龙的翅膀可以充当前腿进行行走，相比于鸟类的翅膀，翼龙的前肢更为强壮。

它们能通过跳跃让自己起飞吗

就像苍蝇用它们的中腿和后腿起飞一样，翼龙更有可能利用"四条腿"从地面上起飞。那么，它们一定得跳到很高的地方才行，以防止挥动翅膀时脆弱的皮膜撞到地上。

ZAKARIA M Y, TAHA H E, HAJJ M R. Design Optimization of Flapping Ornithopters: The Pterasaur Replica in Forward Flight. Engineering Science and Mechanics, Virginia Tech, Blacksburg, Virginia, 2015.

四脚着地时像长颈鹿一样高

迎风起飞，最好在陡峭的悬崖上

为了跳得足够高，翼龙需要逆着强劲的风。如果它们从陡峭的悬崖上迎着风起飞，它们就可以被气流带到高空中，就像信天翁一样。我们现在经常看到信天翁有时需要花费很大的力气才能起飞。对于翼龙来说，这种起飞相对容易，因为它们约100千克的体重相对于它们巨大的翼展来说并不太重（据推测其翼展可达13米）。

类似的"飞行翅膀"

相对于翼龙翅膀的巨大面积，翼龙的躯干相对较小，如果把翼龙比作一架飞机，那么这架飞机的机翼巨大，看起来却几乎没有机身。诺氏风神翼龙（*Quetzalcoatlus northropi*）这个名字也暗指著名的飞机机翼设计先驱——诺斯洛普。这种巨型翼龙发现得较晚。1971年，一个学生挖掘出了这种远古动物翅膀的化石残骸。此后，诺氏风神翼龙引起古生物学家和流体力学研究人员的广泛关注。他们的研究表明，这种翼龙能振翅飞行，但以滑翔为主，类似于今天的一些最大的飞行鸟类（如秃鹫），风神翼龙很有可能利用上升的热气流来翱翔。

WITTON M P, NAISH D. A Reappraisal of Azhdarchid Pterrosaur Funtional Morpholgy and Paleocology. LOS ONE, 2008, 3(5): 2271.

飞鱼

飞鱼

在本章结束之前，还值得一提的是"飞鱼"。其中最著名的种类叫作翱翔飞鱼（*Exocoetus volitans*），其体长约 25 厘米。飞鱼尾部有力的摆动能让其跃出水面。然后，它们伸展开细长的胸鳍，在水面上滑翔几十米。它们飞行的高度范围从 1 米到 10 米。这样的飞行可以逃脱许多捕食者的追捕。

HERTEL H. Biologie und Technik. Struktur-Form-Bewegung, Krausskopf, Mainz, 1963.

跃出水面

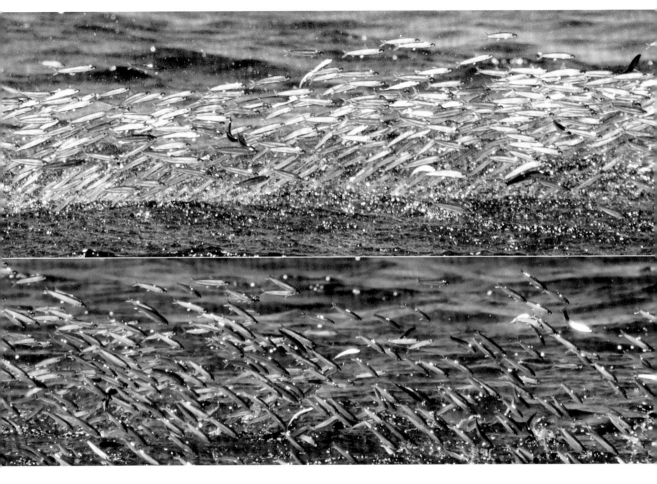

集群飞行

　　许多鱼类都试图跃出水面以躲避它们的天敌。当受到捕食者追逐时，整个鱼群一起跃出水面的场景特别壮观。南美洲的飞脂鲤（*Carnegiella strigata*）可以快速有力地挥动长长的胸鳍呼呼作响地跃出水面。虽然它们在水面以上的跳跃高度只有几厘米，却能飞出几米远。

趋同

艳蜂鸟（*Amazilia amazilia*）

不同的起源与相似的选择条件

在生物学中，"趋同"一词指的是生物体在演化的过程中，虽然起源不同，但在相似甚至相同的选择条件的作用下，产生了相似的结构或行为模式。这样的结构称为同功器官，与之相对的是同源器官，同源器官有共同的演化起源。同源器官之所以相似是由于它们来自共同的祖先。

鸟类和蝙蝠翅膀的趋同演化

鸟类和蝙蝠的翅膀是相似的，因为鸟类和现存蝙蝠最后的共同祖先还没有演化出翅膀。因此，这两种翅膀一定是通过趋同各自独立演化的。二者的翅膀最初都是成对的前肢，后来逐渐演化成了翅膀。

从普通飞行到悬停飞行

蜂鸟的悬停飞行和白天活动的蜂鸟鹰蛾

（*Macroglossum stellatarum*，又称小豆长喙天蛾）的悬停飞行也是各自独立演化的。二者分别起源于各自会飞行的祖先，但它们的祖先还没有演化出悬停飞行的能力，悬停飞行是极其消耗能量的。从蜂鸟鹰蛾的名字上就可以看出，它常被误当成蜂鸟。然而，这两种飞行动物不可能出现在同一个地方，因为一种生活在新大陆，另一种生活在旧大陆。（译者注：旧大陆是指在哥伦布发现美洲大陆之前，欧洲人认为世界上只有欧洲、亚洲和非洲。在发现美洲大陆之后，为了与欧洲、亚洲和非洲区别，人们将美洲大陆称为新大陆。在生物学上，旧大陆的生物是指那些在欧亚大陆、非洲、大洋洲分布的生物，新大陆的生物是指那些在美洲分布的生物。蜂鸟只分布在新大陆，而蜂鸟鹰蛾只分布在旧大陆。）

是鸟类还是昆虫

蜂鸟鹰蛾（*Macroglossum stellatarum*）

与长舌蝙蝠的趋同

蜂鸟鹰蛾在分类上属于天蛾科的昆虫，天蛾科的昆虫主要由夜间活动的种类组成。这个科的蛾子都发展出了快速且持久的飞行能力，这能让它们找到自己喜欢的花朵，并在短时间内"访问"尽可能多的花朵。对于这些飞蛾来说，一旦危险降临，它们就能迅速地飞离花朵。另一个趋同演化的例子是长舌蝙蝠（Glossophaginae，长舌叶口蝠亚科）的悬停飞行，该类蝙蝠产自南美洲，属于叶口蝠科（Phyllostomidae）。这些蝙蝠因食用花蜜而闻名。（译者注：南美洲的一种花蜜长舌蝙蝠的舌头长度为体长的 1.5 倍，平时舌头缩回至胸腔中，这么长的舌头与它们取食当地的一种花的花蜜

有关，因为这种花呈现为超长的漏斗状。）

在相同的雷诺数范围内飞行

蜂鸟和蜂鸟鹰蛾可以与水平螺旋桨在多方面进行比较，包括大小、体重、翼形（不弯曲）、翼面积、翼载、翼的运动方式，以及在空气中上升的原理。也可以这么说，它们都在相同的雷诺数范围内飞行（见第 56 页）。而在一定的雷诺数范围内，实现最佳的悬停飞行需要一定的物理条件。而蜂鸟和蜂鸟鹰蛾是两种完全不同的生物，但它们都满足了这些物理条件。生物学家会认为这是一种趋同演化，它们的翅膀是同功器官。这个例子非常好地证明了生物体的"结构与功能相适应"的原理。

SPRAYBERRY J D H，DANIEL T L．Flower tracking in hawk moths: behavior and energetics. Journal of Experimental Biology, 2007, 210 (1): 37-45.

第 2 章　动物飞行摄影

众多挑战

　　本章将讨论在拍摄令人兴奋和富有洞察力的照片时需要注意的几个重要问题。飞行照片通常是摄影师在动物快速飞行时拍下的。昆虫翅膀的振动速度如此之快，只能在毫秒之间进行抓拍。此外，飞行动物与照相机的距离也在不断变化，这使得聚焦更加困难。

根本不笨

就像恐龙

在本页的照片中，一只棕色的红脚鲣鸟（*Sula sula*）正在起飞，但它变形的身体看起来有点吓人。事实上，它的喙是一种有效的武器。然而，这张照片背后的故事是这样的。

信任

这只鸟儿给站在潜艇甲板上的摄影师留下了深刻的印象，因为它与摄影师进行了10分钟的近距离（50厘米，离镜头最近的距离）"交流"，然后它恋恋不舍地绕了一圈，又转过头来叫了一声才飞走。毫无疑问，这只鸟儿与摄影师建立了感情，摄影师在当天就决定将它的照片放到本书中。

以新月形的翅膀高速飞行

可能破纪录

　　普通雨燕（*Apus apus*）是地球上飞得最快的动物之一。从外表看，它们很像燕子，但它们与燕子并非近亲。这些相似是趋同演化的结果。在迁徙季节，普通雨燕进行长途飞行。从5月初到8月初的这段时间里，它们喜欢在欧洲中部地区进行繁殖。繁殖过后，它们便飞往赤道以南的非洲地区越冬。

动态模糊

　　普通雨燕的滑翔速度可达 5~14 米 / 秒，振翅飞行速度可达 11~28 米 / 秒，追逐俯冲时可达 40~60 米 / 秒（200 千米 / 时）以上。照片中显示的是它在以 20 米 / 秒的速度在飞行，也就是说，在 1/2 000 秒的时间内它已经向前移动了 1 厘米。所以，除非相机随着它们一起移动，否则即使用很短的曝光时间进行拍摄，这些雨燕的照片可能仍然会产生动态模糊。

这只雨燕在紧贴着海面飞行捕食时跌落在了水面上。如果不是一个热心的摄影师目睹了这一情况并救了它，它将必死无疑。几分钟后，被救的雨燕就重返天空，回到了燕群之中。

"海鸥摄影"

海鸥是轮船的忠实伙伴

为了吸引鸟类，游船上的乘客经常把食物扔到水里。在对页上图中，一只海鸥不顾一切地扑到水中去取食被扔进水中的鱼的内脏。然而，这一骚动吸引了另一个不速之客——一条3米长的大白鲨的注意。

鲨鱼喜欢在水面上捕食海鸥

这是一个经常能够观察到的现象。虎鲨会赶在信天翁小鸟长出飞羽准备学习飞行时，迁移到夏威夷群岛附近的环礁湖中，去捕食那些落在水面上的小鸟。不过，捕食者要想成功地捕获猎物需要一些经验，因为它们在水中快速移动时形成的冲击波可能会把猎物从口中推走。当海鸥和鲨鱼在南非海岸捕食沙丁鱼群时，

大白鲨 (*Carcharodon carcharias*)

海鸥是没有危险的，因为此时鲨鱼关注的重点都在沙丁鱼身上。

闪电般地腾空而起

　　下面这张照片的拍摄时间是在拍摄上面那张照片之前的几分之一
秒内。海鸥意识到了危险，闪电般地腾空而起。从鸟身上水滴滚落的
方式上看，它一定是垂直起飞的。

没有螯针也与对手搏斗

快门速度必须达到千分之一秒级别

如果你想拍摄昆虫飞行的照片，一定要用到一些技巧。一种练习方法是，通过拍摄常见的动物来不断地进行练习。胡蜂和苍蝇都是适合练习拍照的动物。随着练习时间的不断增加，拍摄的照片越来越多，你会发现这些照片所记录到的动物的行为都是肉眼看不到的。胡蜂的翅膀每秒扇动 300 次。这种快速运动可以用高速快门和闪光灯来捕捉。但是，闪光灯不适合在高速连拍时使用。1/8 000 秒的快门速度可以定格黄蜂的翅膀，背景环境也可以正常曝光。

独居昆虫和社会性昆虫

胡蜂科（Vespidae）可以分成两类：一类单独生活，独自喂养幼虫；另一类群居生活，形成或小或大的群体。在后者中，也有一些可怕的胡蜂，它们在世界各地都很常见，如欧洲胡蜂。

NACHTIGALL W, NAREL R. Im Reich der Tausendstel-Sekunde. Gerstenberg, Hildesheim, 1988.

造纸胡蜂（*Polistes*）的变种

通常几只雌蜂会在一起建造一个小巢，它们往往是姐妹关系。这些巢是敞开的，附着在植物的茎或类似的结构上。巢建造好之后，随之而来的是一场"战斗"，最终只有一只雌蜂能赢得胜利，并成为新蜂群唯一的女王，只有女王才能产卵。雄性和雌性的下一代将在夏末出生，然后它们在灌木丛中交配。交配的竞争是激烈的，雄蜂在空中进行战斗争夺与雌蜂交配的权利。本页照片显示的是获胜的雄蜂（*Polistes dominula*）正在与雌蜂进行交配，背景中是一只落败而归的雄蜂。

一生只有短暂的一年

春季，胡蜂的蜂后从冬眠中苏醒，开始繁殖。到了盛夏，在新的蜂群中，未受精的卵孵化成雄性后代，获得了足够营养的雌性幼虫则会发育成新的蜂后，胡蜂的数量大幅度增长。随后，雄蜂和雌蜂离开巢穴交配。秋冬之时，整个蜂群全部死去，只留下已交配过的年轻的新蜂后冬眠越冬，待到下一个春天进行繁殖。

只有雌胡蜂有螫针

雄蜂从不蜇人，雌蜂有毒的螫针实际上是由产卵器变成的。

造纸胡蜂（*Polistes dominulus*）交配

重复实验

丝光绿蝇（*Lucilia sericata*）

实验物理学的前提

自然科学（特别是实验物理学）的研究目的是对现象进行精确描述和解释。在理想情况下，这些现象在相同的条件下应该是可以重现的。在动物学中，能够重现也是最理想的情况，但并不是总能实现。动物的行为并不总是按照预期的结果一成不变地表现出来，面对特定的环境，它们可以做出许多不同的行为反应。

苍蝇的飞行行为

"重现"动物的一系列飞行行为时，我们会面临许多困难。困难可能是物种本身很稀有，也可能是有些动物会飞，但不爱飞。要捕捉飞行行为的所有细节，我们必须具备一定的实验条件。对于一些常见的动物，我们经常可以看到它们的飞行，如常见的绿蝇和家蝇，它们都是最常见的苍蝇种类。再加上一些经验和技巧，我们就可以弄一些苍蝇来进行飞行行为的研究了。

横向转弯和垂直起飞

本页底部的一组照片（250帧/秒，曝光时间为1/8 000秒）从左到右显示的是家蝇的飞行过程（每帧之间的间隔被延长，以避免重叠）。顶部的图片显示的是丝光绿蝇的垂直起飞过程。只要把这些照片一张接一张地垂直排列起来，就可以重现苍蝇的垂直起飞行为（500帧/秒，曝光时间为1/8 000秒）。

家蝇（*Musca domestica*）

NACHTIGALL W. Insects in flight-a glimpse behind the scenes in biophysical research. George Allen & Unwin, London, 1968.

螽斯也喜欢飞行

跳跃和飞行的结合

本页中的动物是大绿螽斯（*Tettigonia viridissima*）雄虫，它们的反应和苍蝇一样迅速。因此，获得这些常见的昆虫的照片来揭示和比较它们的飞行行为是相对容易的。选择大绿螽斯，而不是其他种类的螽斯，是因为它们在跳跃时会张开翅膀，进行短距离的飞行。但它们的飞行距离较短，通常只有在遇到危险的紧急时刻才会飞。本页上的照片是以 1/250 秒的间隔拍摄的（曝光时间为 1/4 000 秒）。

喜欢垂直起飞

上面的一组图片展示了大绿螽斯垂直起飞的过程。再次强调，你必须把这些照片想象成是相互垂直排成一列的。在第二排的照片中，大绿螽斯跳到了照相机的下方，只是短暂地进入了相机的焦点。这种连拍比拍摄单独的照片更难，但这样的连拍照片非常有用。在第三排的照片中，我们可以从侧面观察刚刚垂直飞起的大绿螽斯（此时你需要把这些照片想象成垂直排成一列）。

起飞时间很短

最后一排照片展示的是一只大绿螽斯平行于地面飞行的情景。大绿螽斯通常能飞行几米的距离。

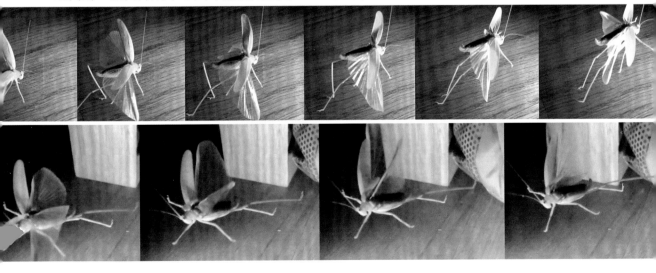

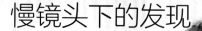

慢镜头下的发现

起飞的最初 1/40 秒阶段

跳跃起飞

这只苍蝇起飞时正对着我们，然后它进行了 90 度转弯，飞向了右边。在左边的第一张照片中，苍蝇的腿未离开地面。在第二张照片中，苍蝇的前腿已经抬起（起飞信号），同时用中腿和后腿跳起，完成起飞。

气流中的苍蝇腿

起飞后，苍蝇的后腿贴近腹部，指向后方。

关闭所有的空隙

如果苍蝇想继续飞行，它就会把中腿向后伸，放在胸部和腹部之间，而前腿向前伸，放在前胸和头部之间。苍蝇以这种方式关闭所有的空隙，这样减小了空气阻力，从而节省了能量。这组照片的拍摄间隔为 1/250 秒。

鸟类洗澡中的发现

在本页中间和对页展示了两组黄喉蜂虎的照片，照片展示的整个过程只有 1/3 秒的时间。黄喉蜂虎的动作快速又灵活，它们在潜入水中

1/3 秒洗完全身

飞行时，苍蝇将它的腿伸展到不同的位置，以适应挥动翅膀时所产生的气流。这让人联想起早期火箭的方向控制系统，这个系统是由石墨部件构成的，这些部件被发射时的气流所调节，从而起到控制方向的作用。与之相比，苍蝇的前腿和后腿的伸展显得很奇怪。如果它想降落，就得保持这种姿势。

的同时翻了一个筋斗，紧接着剧烈地左右抖动身体，甩掉水分，然后飞向空中。

反应时间与身体大小的关系

小动物反应迅速，这实际上是由于它们的身体小，它们的神经通路很短（对于人类来说，神经冲动从脚趾传到大脑需要 1/30 秒）。

通过相机再看一次

整合图像以强化信息

整合图像是一种常用来描述生物运动的技术。在数字摄影发明之前，人们通过将一系列反映中间过程的图片映射到同一画面上，来呈现类似动物飞行的效果。最理想的效果是将所有图片置于恰当的位置，并且相邻图片的间隔时间一致（译者注：类似于翻书动画）。本书中的照片是用高质量的数码相机拍摄的。为了拍摄到棕双冠蜥跳入水中逃命过程的细节，摄影师必须每秒拍摄 12 张照片。

棕双冠蜥（*Basiliscus vittatus*）

这 3 组连拍的照片几乎是从相同的角度拍摄的，这样就可以将这些图像整合在一张照片中。右下图是整合后的图片，它显示了棕双冠蜥在跳水的过程中，所处的 3 个不同位置（每个位置间隔 1/12 秒）。在许多情况下，这种整合照片能比一组完整的单独的照片提供更多的信息，因为我们可以在同一张图片中直接进行比较，例如生物的跳跃距离和四肢的运动。但是，如果各张照片拍摄的间隔时间太短，就会出现各张照片整合在一张图片上以后，拍摄对象会重叠在一起的问题。

多图整合

俞伴蛾（*Euclidia glyphica*）

草蛾（*Agriphila tristella*）

春象（Pentatomidae，椿象科）

喇叭叶蜂（*Athalia cordata*）

　　这本书中有许多这样的整合图片。在本页中，左上图显示的是地榆伴蛾，右上图显示的是草蛾，左下图显示的是盾椿象，右下图显示的是飞行中的喇叭叶蜂。所有的照片都是以极短的曝光时间（1/8 000~1/2 000 秒）和 1/12 秒的间隔时间拍摄的。

高速摄影的噩梦

滚动快门效应

所谓的滚动快门效应是电影行业中众所周知的效果，一般会出现在快速移动的物体的照片或视频中。大多数相机不能同时曝光整个图像传感器的表面。相反，曝光是从图像的一侧到另一侧依次发生的，曝光方向或

的鞘翅的运动速度明显快于它的身体，鞘翅在飞行中上下扇动，而且扇动速度极快。

高速摄影师需要注意的事项

拍摄上面这张照片所用的相机已经很好了，它的快门时间很短，相比而言大多数其他型号

红斑花天牛（*Stictoleptura rubra*）

水平或垂直，这个过程是需要时间的，不过所需的时间很短。

照片中看到的都可靠吗

本页照片展示了一只飞行的红斑花天牛（*Stictoleptura rubra*），照片的曝光时间很短，只有1/25 000秒。从艺术的角度来看，照片非常有艺术性。甲虫的身体"几乎不动"，而它

的相机的快门时间要长得多。由于传感器曝光采用的是逐行扫描的方式，并且每行的扫描时间仅占快门时间的一部分，因此每行的曝光时间相应减少。扫描完一行后，需要相同的时间（非常短）扫描下一行，而后一行的曝光时间同样短暂。在这段时间内，翅膀可能已经移动了一定的距离，这样就导致了诸如歪斜、摆动和涂抹等效果。

哪些是真实的，哪些不是真实的

在看电影的时候不会注意的

右图：高清视频（30 帧 / 秒，曝光时间为 1/2 000 秒）。翅膀运动得越快，图像看起来越模糊（尽管通常只在看到单张图像时才会注意到）。

当阴影不匹配时

每个镜头中甲虫翅膀的阴影看起来都较低，这是由于在扫描传感器的许多"行"时延迟了几毫秒。为了通过技术手段重现这一效果，我们拍摄了一张微型直升机的照片（大小约为一个大型蜻蜓的尺寸，直升机的旋翼

桨叶高速旋转）。虽然照片的曝光时间极短，仅为 1/32 000 秒，旋翼桨叶看上去还是发生了扭曲；而实际上旋翼桨叶是对称的，而不是弯曲的（旋翼桨叶上的标签清晰可见）！

问题是图像太逼真了，以至于人们信以为真（例如，这组图片中的倒数第二张）！在高速摄影中，这些看似真实的图像，你一定不能全信！要进行一定的测试以检查这些图像是否反映了拍摄对象真实的样子。阴影为这种真实性检查提供了最好的参照。本书中的其他关于"滚动快门效应"的例子（通常是快速振动的昆虫翅膀的图像），我们也将会指出来！

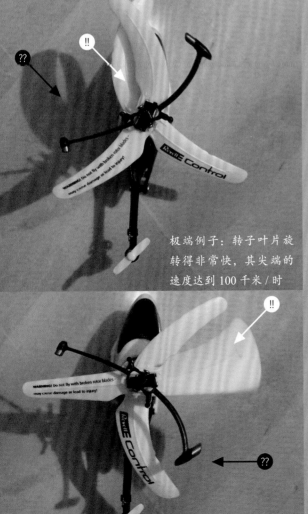

极端例子：转子叶片旋转得非常快，其尖端的速度达到 100 千米 / 时

红斑花天牛（*Stictoleptura rubra*）雌虫

形影不离的聪明鹦鹉

雌雄几乎没有差别

牡丹鹦鹉，通常称为爱情鸟，也有人把它们称为情侣鹦鹉，其中一些种类的体长只有 13 厘米。它们是一夫一妻制，通常一生都生活在一起。牡丹鹦鹉的颜色鲜艳多样，但雌雄之间几乎没有差别。它们通过亲密的行为维系着夫妻关系，总是互相梳理羽毛和喂食，以此来表达浓浓的爱意。这就是它们也被称为"形影不离之鸟"的原因。它们喜欢在东非的洞穴中繁殖，偶尔也占据织布鸟遗弃的鸟巢。父母共同养育和照顾幼鸟，这种育幼行为一直持续到幼鸟离巢后数周。

嘴脚并用

通常鹦鹉因擅长攀缘而闻名。它们的喙非常灵活，攀缘时它们总是喙和脚并用。和乌鸦一样，它们是最聪明的鸟类之一。

光彩炫目

华丽色螅（*Calopteryx splendens*）雄虫

条纹色螅（*Calopteryx virgo*）雄虫试图与正在产卵的雌虫交配

雌雄异色的豆娘

色螅（*Calopteryx*）是豆娘类昆虫，周身闪着金属光泽，颜色艳丽，翼展为 6~7 厘米，体长为 5 厘米。华丽色螅的雄虫的身体呈蓝绿色，半透明的翅膀上各有一条蓝黑色的宽条纹；雌虫不那么显眼，身体为铜绿色，翅膀为绿色。条纹色螅雄虫的身体具有铜绿色的金属光泽，翅膀为深蓝色。这两种豆娘都喜欢在水流缓慢、宽阔而清澈的河流中产卵。

雄性色螅壮观的求偶飞行

雄性色螅会为保卫自己的一小块领地，驱逐其他雄虫。当遇见雌虫时，它们会在原地或雌虫的正上方表演壮观的求偶飞行。它们不停地变换着翅膀的扇动节奏（一对翅膀向上时，另一对翅膀就向下）。它们的翅膀在每扇动一次后，改变方向之前，会有零点几秒时间的短暂停滞。这是为了让雌虫更好地看到雄虫翅膀上的花纹和颜色，还可以让雄虫充分地展示它们腹部艳丽的色彩。

心形交配环——爱情写照

配对后，两只豆娘会一起在领地上四处飞舞，寻找产卵的地方。一旦雌虫降落，交配就开始了。雄虫用尾部的抱握器抓住雌虫的前胸，而雌虫则将腹部向前卷曲，将生殖孔伸至雄虫第二腹节上的交配器处，并牢牢锁定。（译者注：雌雄豆娘交配时，它们的身体会形成一个闭合的心形交配环，交配完成后它们并不会立即分开，而是联体双飞。）

产卵过程中的"精子竞争"

雄虫会在雌虫产卵时才放开它，并在周围飞行守护。其他雄性竞争对手经常试图在雌虫产卵的过程中抓住它。这些竞争对手会立即遭到守护者的攻击。对页中的两幅照片显示的就是这样的情况。同样有趣的是雄虫的交配策略：在交配过程中，雄虫会不停地刮擦雌豆娘的腹部，这是为了去除前一只与它交配的雄虫精子，然后才排出自己的精子。这种性选择现象也称为精子竞争，它很好地说明了雄虫如何在这种竞争中繁殖后代，如何采取措施抑制对手的繁殖。

比翼齐飞

展翅飞翔

这张照片清楚地展示了大山雀翅膀上飞羽的伸展程度，其中一只在加速起飞，另一只在"刹车"降落。正在起飞的是雌鸟，正在降落的是雄鸟，雌鸟胸部的条纹比雄鸟的条纹细，而且中间有间断，它们颈部两侧的黑条纹也有同样的特征。

父母权利平等

大山雀的雏鸟是由父母共同喂养的，因此，人们常常会看到它们彼此紧跟着进出鸟巢。当夫妻中的一个正准备将粪便从巢内叼走时，另一个则刚好叼着找到的食物回来。

并非真正的迁徙鸟类

大山雀是留鸟，它们很少远离繁殖地。在欧洲，甚至全年都能在北极圈以北的地区见到它们。冬季，它们的食物部分来自于人类的投喂。

如何悬停飞行

拟态

　　一些食蚜蝇的形态和图案看上去很像胡蜂、蜜蜂或熊蜂，但它们没有螫针。这种现象叫拟态，食蚜蝇通过拟态让天敌误以为它们很危险。它们的翅膀以 8 字形的路径每秒挥动 300 次。雄虫的眼睛巨大，这有利于它们寻找雌虫。

飞行时鞘翅不展开

在低沉的嗡嗡声中快速起飞

星化金龟[本页图中为铜色星花金龟（*Potosia cuprea*）]在飞行中不展开它们的鞘翅，这和粪金龟属的圣甲虫（scarabs）一样（见第65页）。起飞时，它们的膜翅从鞘翅侧面边缘的凹陷处伸出。凹陷上长着许多硬毛用以清除膜翅上的灰尘。这为起飞提供了一定的好处：花金龟子可以非常快速地起飞，尽管它们在飞行时的速度并不是很快。虎甲的起飞速度比花金龟还要快，而且虎甲在起飞之前要先抬起鞘翅并将鞘翅固定好。沉重的玫瑰金龟子在飞行的过程中会发出深沉的嗡嗡声，它的振翅速度可达70~130次/秒，振翅速度的快慢取决于体形的大小。

并非熊蜂

大蜂虻（*Bombylius major*）通过悬停飞行来"访问"花朵。在这些照片中，一只大蜂虻正伸出腿准备降落在一朵花上。它这样做是为了增加它与花朵之间的距离，为它长长的"喙"留出空间。大蜂虻可以在空中悬停，保持位置稳定不动。它们经常悬停在地蜂的巢口，把卵产在地蜂的巢里，而这些卵事先已经用沙子伪装好。从这些卵里孵化出来的幼虫将寄生在地蜂的幼虫身上。西伯利亚产的琥珀中保存了这个昆虫家族最古老的种类，它们的历史可以追溯到白垩纪（距今1亿~7000万年）。

SCHREMMER F. Gezielter Abwurf getarnter Eier bei Wollschwebern (Dipt. Bombyliidae). Zool. Anzeiger, 1964, 27: 291-303.

通向滑翔飞行的第一步

基本要求：在无风时产生气流

当蜥蜴或青蛙跳向空中时，它们就已经满足了产生空气动力的第一个条件——即使在没有风的时候，它们也能够自己制造气流，即身体前方的空气流动。

水平面上的跳跃对于飞行的作用有限

如果只是在水平方向上跳跃，它们只能跳过很短的距离，就会再次落到地面上，它们在起跳后的一瞬间速度达到最大。这样短距离的跳跃也许能帮助它们逃离捕食者，但这和飞行飞过的距离相比差得太远了。

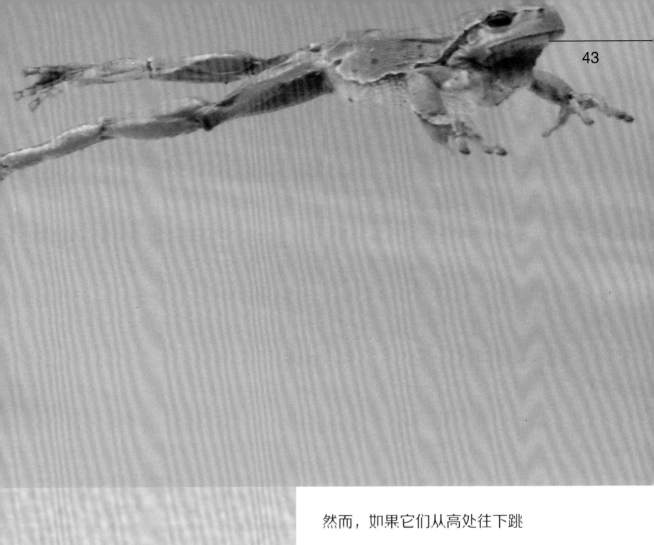

然而，如果它们从高处往下跳

如果它们从高处（如树上）往下跳，情况就不同了。它们会滑过一定的距离，再落到地面上，这个过程使它们能够获得一定的速度。本页上图中的青蛙正从车顶跳下来，因此它飞行了 3 米的距离，相当于它身体长度的 60 倍！注意看它飞行过程中腿的姿势。

滑翔飞行只需要几个技巧

空气动力是随着速度的提高而增大的（准确来说，空气动力与速度的平方成正比）。如果动物具有与气流成一定角度的滑翔表面，例如飞蜥的肋骨撑起的膜以及飞蛙脚趾间的蹼，那么这些动物就能通过滑翔表面产生一定的升力，从而增加滑翔的距离。这是滑翔飞行的一种形式。原始的始祖鸟第一次飞行时可能采取的就是类似的策略（见第 166 页）。

滑翔和水上奔跑

棕双冠蜥们能以 8 千米 / 时的速度在水面上奔跑，以逃脱天敌的追捕。为了做到这一点，这种蜥蜴通常从树上跳入水中，或者说是滑翔到水中。本页底部的图片是由 4 张连拍照片合成的（拍摄的时间间隔为 1/12 秒）。

滑翔角度 25 度

一只年轻的黑蹼树蛙（*Rhacophorus reinwardtii*）从树上跳下时，以一定的角度展开前肢和后肢。它张开脚趾间的蹼膜，因此，每只脚都起到了滑行表面的作用。青蛙的四肢轻微伸展，躯干和脚部作为一个整体起到了滑翔表面的作用。通过它们身体各部分之间的气流是如何相互作用的，科学家们现在还没有研究清楚，只知道它们以 25 度角滑翔。因此，它们在空气动力学方面的参数至少相当于平衡飞行的啤酒杯垫（其滑翔比约为 2.5）。（译者注：滑翔比是指滑翔机在无动力飞行的过程中前进距离和下降高度的比值。本例中杯垫的滑翔比为 2.5，即每前进 2.5 米，高度下降 1 米。）

飞蛙垂直跳向空中

飞行艺术大师

暴风中的飞行大师

渡鸦（*Corvus corax*）、红嘴山鸦以及黄嘴山鸦，是高原鸟类中的飞行大师。在狂风中飞翔时，它们时而乘风升起，时而在山谷中俯冲，任意翱翔。它们甚至可以应付山脊阻挡气流所形成的强风。

速度超过 100 千米 / 时

为了最大限度地减少高度的损失，渡鸦总是以高速滑翔。为此，它们弯曲翅膀以减小升力面的面积，从而增加翼载（体重除以表面积）。这将使它们的滑翔角变陡，使飞行速度增加到 100 千米 / 时以上。在以大角度向下滑翔时，它们翅膀的后缘会起到如襟翼的控制作用，能够控制吹到尾羽上的气流。因此，渡鸦能在极高的速度下自如地控制飞行，很多情况下它们需要这种非常精确的控制技术，如俯冲进狭窄的山谷。在求偶表演的过程中，它们会表演高难度的空中滚动、翻筋斗等飞行技术。（译者注：襟翼是现代机翼边缘部分的一种可动翼面装置，可装在机翼的后缘或前缘，可向下偏转，同时可以前后滑动。）

KÜTTNER J. Über die Flugtechnik einiger Hochgebirgsvögel KOSMOS, 1947: 384 - 389 .

利用重力

怎么打开牡蛎壳

对于海鸥和狒狒来说，牡蛎是一种美味佳肴，但牡蛎壳不容易剥开。南非好望角的黑背鸥（Larus dominicanus）有解决这个问题的方法：它们把牡蛎带到20米的高空中，然后将牡蛎抛向坚硬的岩石。然而，当牡蛎壳在岩石上摔开以后，它们必须马上去吃。因为狒狒已经了解了这个过程，它们很快就会到达现场，抢先一步吃掉牡蛎。

军舰鸟（Fregatidae，军舰鸟科）是热带和亚热带的海鸟，属于鲣鸟目（Suliformes）。这类鸟的雄性因其红色的喉囊而闻名，在交配季节，它们的喉囊是用来吸引雌鸟的。喉囊的鲜艳程度、大小以及持续膨胀的耐力是雌鸟判断雄鸟是否健壮的依据。本页上图展示的是加拉帕戈斯群岛的丽色军舰鸟（*Fregata magnificens*）雄鸟。左下方图片展示的是加拉帕戈斯陆鬣蜥（*Conolophus subcristatus*）。

壮观的求偶场面

偷窃寄生现象

偷蛋贼

　　军舰鸟会想方设法地偷食加拉帕戈斯海鬣蜥（*Amblyrhynchus cristatus*）产在沙滩中的卵。军舰鸟常会在空中爆发夺卵大战，有些军舰鸟刚刚偷来的战利品就这样被其他军舰鸟抢走。军舰鸟的名字与它们这种"偷窃寄生"行为有关。偷窃寄生现象是指一种动物偷窃其他动物的食物的行为，由于军舰鸟的这种行为，它们会让人联想起海盗用来袭击商船的船舰。

第 3 章　生物学家的观点

流体和尺度

　　飞行发生在空气中，从更宽泛的意义上讲，飞行也可以发生在水中。体形微小的动物和体形相对较大的动物都可以飞行。利用生物物理学的简单参数，我们可以对飞行进行比较。这样的研究能让我们更为深刻地理解动物在空气和水中运动时所要面临的问题，以及它们是如何解决这些问题的。

动物飞行的世界纪录

此处我们列出了一些不应该被看作是绝对的纪录，因为新的事物正在不断地被发现。不管怎么说，这些纪录都接近动物运动的极限了。

• 翼展

翼龙类的最大翼展：诺氏风神翼龙（*Quetzalcoatlus northropi*）的翼展达 10~13 米。现生鸟类的最大翼展：安第斯兀鹫（*Vultur gryphus*）、大型秃鹫、信天翁等鸟类的翼展约为 3 米。最小翼展：古巴蜂鸟（*Mellisuga helenae*）的翼展为 9 厘米。

化石昆虫的最大翼展：巨型蜻蜓（*Meganeuropsis permiana*）的翼展为 70~72 厘米。

蝶蛾类的最大翼展：产自南美洲的白女巫蛾（*Thysania agrippina*）的翼展为 32 厘米，东南亚的乌柏大蚕蛾的翼展为 30 厘米。最小翼展：侏儒蛾（Nepticulidae，微蛾科）的翼展仅为 22.5 毫米。其他昆虫的最大翼展：蜻蜓、蟑螂、蝗虫、蝉的翼展为 17~23 厘米。最小翼展：小蓟马（Thysanoptera，缨翅目）和缨小蜂（Mymaridae，缨小蜂科）成体的翼展约为 1.5 毫米。

• 体重

体重最大的翼龙类：诺氏风神翼龙，超过 100 千克。体重最大的现生飞行鸟类：兀鹫、秃鹫、大鸨，为 12~18 千克。体重最小的鸟类：古巴蜂鸟，为 1.6 克。体重最大的昆虫：皇家大角花金龟（*Goliathus regius*）的幼虫，长 15 厘米，重 110 克。体重最小的昆虫：小蓟马、

黄尾熊蜂（*Bombus terrestris*）

FLINDT R. Biologie in Zahlen. 2. Aufl. Fischer, Stuttgart,1986.

萤火虫、果蝇，重 1 毫克。

• 翼面积和翼载

翼面积最大的鸟类：西域兀鹫（*Gyps fulvus*），为 104 平方分米。翼面积最小的鸟类：红喉北蜂鸟（*Archilochus colubris*），为 0.1 平方分米。翼载最大的鸟类：疣鼻天鹅（*Cygnus olor*），为 170 牛 / 平方米。翼载最小的鸟类：戴菊（*Regulus sp.*），为 11 牛 / 平方米。翼面积最大的昆虫（鳞翅类）：白女巫蛾（*Thysania agrippina*），为 400 平方厘米，相比之下，红节天蛾（*Sphinx ligustri*）的翼面积为 26 平方厘米。翼面积最小的昆虫：摇蚊（Chironomidae，摇蚊科）的翼面积为 0.05 平方厘米。翼载最大的昆虫：熊蜂、螳螂、水龟虫，为 1~1.6 牛 / 平方米。翼载最小的昆虫：草蛉（*Chrysopa sp.*），为 0.05 牛 / 平方米。翼载最大的蝙蝠：慢速飞行的种类，为 7 牛 / 平方米；快速飞行的种类，为 35 牛 / 平方米（例如犬吻蝠科的种类）。

• 振翅频率

振翅频率最低的鸟类：秃鹫和兀鹫，大约为

1 赫兹。振翅频率最高的鸟类：白臀紫耳蜂鸟（*Colibri serrirostris*），为 78 赫兹。振翅频率最低的昆虫：沙漠蝗虫（*Schistocerca gregaria*），约为 20 赫兹。振翅频率最高的昆虫：蜜蜂和苍蝇高达 300 赫兹，最小的蕈（xùn）蚊（蕈蚊科，Mycetophilidae）则可能超过 1 000 赫兹。

蝙蝠的振翅频率：黄毛果蝠（*Eidolon helvum*）为 7 赫兹，狭耳鼠耳蝠（*Myotis blythii*）为 18 赫兹。

• 速度

鸟类俯冲时的最大速度：游隼为 320~389 千米 / 时，白喉针尾雨燕属（*Hirundapus caudacutus*）为 335 千米 / 时。

鸟类长距离飞行时最快的速度：雁、鸭、燕鸥等约为 100 千米 / 时，雨燕约为 150 千米 / 时。长距离飞行时速度最快的昆虫：鹿蝇、淡大马蝇、

大蜻蜓和天蛾等，为 50~60 千米 / 时（短时）。

蝙蝠的飞行速度：小型蝙蝠（产自美国的西部伏翼，*Pipistrellus hesperus*）为 10 千米 / 时，迁徙的大型蝙蝠（墨西哥游离尾蝠 *Tardaria brasiliensis*）为 40 千米 / 时（极限值为 60 千米 / 时）。最近发表的一篇论文表明，一些小蝙蝠的飞行速度甚至超过最快的鸟类。

• 代谢

鸟类的最低代谢率（以 10 米 / 秒的速度长距离飞行）：笑鸥（*Leucophaeus atricilla*）、白颈渡鸦（*Corvus cryptoleucus*）每克体重每小时耗氧 10 毫升。最大代谢率：墨西的绿紫耳蜂鸟（*Colibri thalassinus*）每克体重每小时耗氧 60~70 毫升。

• 迁徙距离

鸟类中最长的"连续"飞行距离和飞行时间：红喉北蜂鸟（*Archilochus colubris*）飞越海湾时，可连续飞行 800 千米、18 小时；新大陆林莺可以连续飞行 4 300 千米，飞行时间超过 100 小时；澳南沙锥可以连续飞行 5 000 千米。

蝙蝠从夏季栖息地向到冬季栖息地迁徙的距离通常不超过 60 千米。但是灰蓬毛蝠（*Lasiurus cinereus*）从加拿大迁徙到佛罗里达的距离大约为 4 000 千米；纳氏伏翼（*Pipistrellus nathusii*）从爱沙尼亚迁移到法国南部的距离为 2 000 ~ 2 500 千米；黄毛果蝠（*Eidolon helvum*）从赞比亚迁移到刚果的距离约为 3 000 千米（大群飞行）。

• 飞行高度

飞得最高的鸟类：雁类、鸭类和涉禽，迁徙时可以飞越喜马拉雅山脉，飞行高度为 7~9 千米；黑白兀鹫（*Gyps rueppellii*）在 11.2 千米的高度上曾发生撞机事件。

NACHTIGALL W. Der Flug der Fledermause. Gaida K.G., Prokot S.:Microchiroptera. Falter, Wien ,1992.

动物身体的大小和雷诺数

决定性的物理条件

　　动物的翅膀完美地反映了它们是否会飞，以及它们所处环境的物理条件。不能适应环境的特征在演化的过程中不会得到自我完善。因此，动物在空气中振动的翅膀是小还是大并不太重要。空气对小型翅膀产生的影响与对大型翅膀产生的影响完全不同。对于小型翅膀，空气会是一种黏性较大的介质，其黏性与牛油相当。这样的物理条件需要小型翅膀以与大型翅膀完全不同的结构进行发展演化，因此，认为小鸟的翅膀只是大鸟的翅膀在尺寸上的缩小版是错误的。

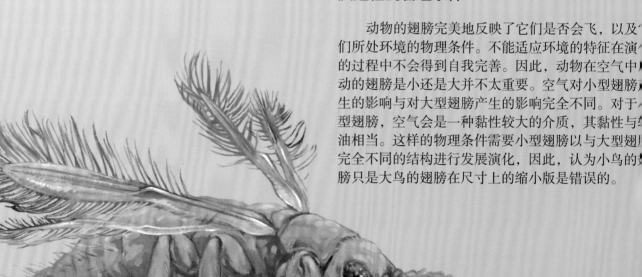

REYNOLDS O. An experimental investigation of the circumstances which determine whether the motion of water shall be direct or sinuous, and of the law of resistance in parallel channels. Phil. Trans. Roy. Soc. London,1883,179: 935 - 982.

雷诺数生态位与翅膀的演化

雷诺数（Re）

雷诺数是以其始创者的名字命名的，相应的关系规定如下：

$$Re = v \cdot l \cdot \mu^{-1}$$

对于在空气中运动的物体来说，v 是相对速度，此处就是鸟类的飞行速度（单位是米／秒）；l 是运动物体的长度，对于翅膀来说是指翅膀的宽度，即翅膀展开后从前到后的宽度（单位是米）；μ 为空气在 20 摄氏度时的运动黏度，等于 1.51×10^{-5} 米²／秒）。（译者注：此公式中的 l 为运动物体的长度，对于鸟类翅膀来说是指平均宽度。这里的宽度不同于翼展，翼展是鸟类两翅展开时两翅尖之间的最大距离。如果翅膀的形状接近长方形，那么翼展是长方形的长，而长方形的宽就是翼宽。）

动物翅膀的形态及其空气动力学特性

雷诺数效应在技术和生物学上都具有重要的作用：动物翅膀的形状和它们的空气动力学特征都与各自的雷诺数范围有关系。在生物系统的发展史上，物种复合体有"演化辐射"的趋势，即物种复合体会占据那些尚未被占据的新栖息地。为了达到这一目的，物种会在形态学、生理学和行为参数上不断演化，以实现对新生态位的最佳适应。人们可以称这个过程为雷诺数生态位的占据过程。（译者注：物种复合体是指形态很相似的近缘物种的集合，或者说一个环境中的全部近缘种称为物种复合体。）

翅膀大小的变化

在飞行动物演化的过程中，身体和翅膀的大小都在发生变化。例如，昆虫的演化证明了飞行动物的身体在朝着越来越小的方向演化。

翅膀形态的变化

通常小型动物的运动速度较慢，雷诺数随着身体尺寸的减小而减小，这是因为雷诺数公式中的 l 和 v 都在减小。根据流体力学的原地，随着翅膀变小，所产生的升力（升力系数 C_A）会随之减小，但产生的阻力（阻力系数 C_W）会增大。这也表明升力和阻力之比 $\varepsilon = C_A / C_W$ 在下降。这反过来又意味着翅膀的形态结构在改变，因为不同雷诺数范围对应的最佳

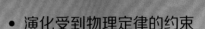

翅膀结构不同。

• 演化受到物理定律的约束

各种生物变异缘于突变选择过程的试错法。然而，只有遵循物理定律的变异才是能保留下来的最佳的变异。例如，在高雷诺数范围内，异形翅膀的翼形是最佳的翼形。（译者注：异形翅膀是指非平面的翅膀。）

另一方面，在低雷诺数范围内，异形翅膀的效率比非异形翅膀要低。因此，在朝着最佳形态演化的过程中，小翅膀会渐渐失去其异形性。随着雷诺数变小，翅膀的曲率在变小，雷诺数进一步变小，翅膀会最终变成缨状。这可以很好地通过 4 类不同尺寸的飞行动物的例子来说明。在这些例子后边，我们列出了一些特征细节和近似平均值。

4 个例子如下。

- 鸟类：$l = 0.1$ 米；$v = 15$ 米／秒；$Re \approx 10^5$；异形并且弯曲翅；$\varepsilon_{最佳} \approx 8$。
- 凤蝶：$l = 0.04$ 米；$v = 3.5$ 米／秒；$Re \approx 10^4$；非异形，但弯曲：$\varepsilon_{最佳} \approx 2.5$。
- 丽蝇：$l = 0.003\,5$ 米；$v = 4$ 米／秒；$Re \approx 10^3$；非弯曲，扁平翅：$\varepsilon_{最佳} \approx 1.5$。
- 缨翅目昆虫：l（缨毛粗）$= 0.01$ 毫米；$v = 1.5$ 米／秒；$Re \approx 10^0$；缨翅：$\varepsilon_{最佳} \approx 0.25$。

（译者注：缨翅目昆虫有两对翅膀，为膜质，呈透明状，并且边缘有毛，所以叫缨翅。）

NACHTIGALL W. Some aspects of Reynolds number effects in animals .Math. Meth. in the applied sciences, 2001, 24: 1401 - 1408.

NACHTIGALL W, WISSER A. ökophysik. Plaudereien über das Leben auf dem Land, im Wasser und in der Luft. Springer, Berlin etc., 2006.

流体中的运动

在空气和水中

　　空气和水都是流体，从流体力学的角度来说，它们的原理是相同的。在飞行的过程中，动物需要产生升力来克服身体的重力，就如同图中即将降落的欧亚蓝山雀那样。后面我们将会更详细地讨论鸟类的着陆飞行（见第 80 页）。通过扇动翅膀，欧亚蓝山雀产生升力和推力（或者降落情况下的制动力），从而进行飞行。在水里，动物可以通过浮力被动地克服身体的重力，例如通过脂肪或鱼鳔产生浮力。水蚤受到的水的浮力几乎能完全克服它们的重力，这就是它们在水中的下沉速度很慢的原因。在短暂下沉之后，它们的触角有力地划动，从而能产生足够的升力，让它们回升到下降之前的位置。它们可以将大部分力气用在产生推力上。在这方面，水生动物比空中动物更省力气。

无量纲的雷诺数所表示的关系

　　$Re = lv/\mu$ 描述了流体中物体的惯性力与黏滞力的比值。这个数字与物体的尺寸 l 和流速 v 成正比，而与流体的运动黏度 μ 成反比。后者在很大程度上取决于温度，例如在室温下，空气的运动黏度是水的 15 倍。这就是同一物体在相同流速的水中和空气中运动时，水中的雷诺数是空气中的 15 倍的原因。

NACHTIGALL W. Biomechanik - Grundlagen, Beispiele, Übungen. Vieweg , 2001.

完全不同吗，有可比性吗

相同的雷诺数 ⇒ 可比较条件

如果两个物体有相同的雷诺数，则它们在流体力学上是相似的。这可以用下面的例子来解释：假设一只水蚤（这里的水蚤是蚤状蚤，*Daphnia pulex*）在雷诺数为 300 的情况下运动时，它的惯性力是黏滞力的 300 倍。这个数字是由水蚤身体的长度 $l = 3$ 毫米，以及"跳跃"划水的速度 $v = 10$ 厘米 / 秒和相应的水的运动黏度值得出的。

流速

如果想要研究一个 10 倍大的水蚤模型，那么水必须以原 1/10 的速度流动，才能获得与之前相同的雷诺数和相同的受力比。然而，这么低的水流速度很难做到精确控制。风洞能解决这个问题吗？由于空气的运动黏度是水的 15 倍，所以要想获得相同的雷诺数，空气的流速必须是水的 15 倍，即 1.5 米 / 秒，这在实际的实验中更容易实现。因此，我们可以将水中的实验与空气中的实验结合起来进行。通过一种介质我们可以确定一个参数，而通过另一种介质则可以确定另一个参数。这种方法通常被用于流体力学的研究中。利用油槽研究果蝇的振翅时，我们还将用到这种方法（见第 63 页）。

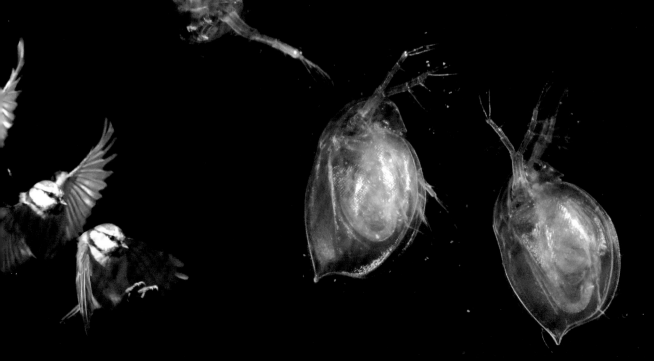

"驾驶舱"

多功能的头部

本页照片展示了一只正在滑翔的黄脚银鸥的头部。如果把鸟类比作一架飞机，则它们的头部就是这架飞机的驾驶舱，所有的"传感器"都集中在头部：敏锐的眼睛（如鹰、兀鹫）、超越极限的听觉（如猫头鹰）、气流传感器（如绒羽、覆羽）、灵敏的嗅觉传感器（如鼻子）、风速传感器（如海燕）。

鸟类的头部还有重要的"捕食装置"——各种不同形状的喙。有些海鸟的喙上还有泌盐器官，以排出从海水中获得的多余的盐分。此外，灵活的头部还能够完成许多其他任务。

身随头动

在飞行的过程中，鸟类的头部并不是固定不动的，而是经常转向两侧的。它们通过这种转动来观察周围的情况。固定在老鹰身体上的小型照相机拍摄到的连续镜头让我们观察到了这一转头现象。安装在鸟类头部肌肉上的传感器发现头部的转动也是它们要改变飞行方向的信号。

GROEBBELS F. Der Vogel als automatisch sich steuerndes Flugzeug. Natur, 1930, 38.
NACHTIGALL W. Warum die Vogel fliegen. Rasch und Rohring, 1991.

吹过鸟翼的气流：升力产生的基础

　　在滑翔飞行中，经过鸟翼的主要气流如本页图所示，气流在鸟翼的前缘分裂（分裂处称为驻点），一部分气流流经翼的背面，另一部分流经腹面。由于翅膀向背面凸起，气流通过鸟翼上方的路径比通过下方的路径长——这是产生升力的基本原理（见后两页）。

黄脚银鸥（*Larus michahellis*）

升力的产生

简述升力原理

鸟类翅膀周围空气的流动方式与飞机机翼周围空气的流动方式相同。气流在驻点（St）分裂。升力的产生缘于翼的非对称形状。翼的上表面比下表面更弯曲，上表面的气流流经的路径更长，因此气流在上表面的速度比在下表面更快，这样分裂的气流才能在机翼的后缘再次相遇。

高速气流产生的吸力

如伯努利所指出的，上表面上流速更快的气流将产生低压（吸力）。因此，机翼的升力是由上表面上的吸力（约占 2/3）与下表面上的压力（约占 1/3）结合而产生的。这样就产生了

正确的结果。也就是说，对于伯努利的方法，应计算上表面和下表面气流的实际速度矢量（很难测量），而不是对气流的速度差进行估算；对于牛顿的方法，应对单位时间内的质量流量进行实际测量。

环流和柯恩达效应

空气动力学工程师指出，机翼与气流之间存在环流和柯恩达效应。环流是指反涡旋，它的方向与机翼后缘涡旋的方向相反（见下图）；柯恩达效应是指气流倾向于附着在机翼表面流动。柯恩达效应使上表面的气流沿着上表面被吸向下表面，从而产生指向后下方的质量流量。

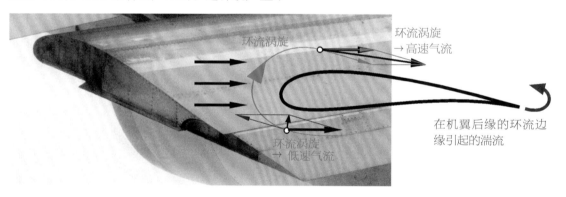

环流涡旋
→ 高速气流

环流涡旋

在机翼后缘的环流边缘引起的湍流

环流涡旋
→ 低速气流

以下问题：如果产生了升力，那么流经上表面和下表面的气流就不能在机翼的后缘相遇，因为上表面的气流的速度要快得多。因此，这种简化形式的伯努利解释是无效的。

升力的另一个解释——牛顿第三运动定律

翼的后部向下弯曲，导致下表面向下压空气，上表面向下吸空气。结果是空气的反作用力对翅膀施加了向上的力量。气流产生的力的这个垂直分量部分就是升力。

对同一现象的两种不同的研究方法

当参数正确时，使用这两种方法都能得到

1. 尖锐的机翼后缘的作用

在飞行时，鸟类通过扑翼来产生速度。飞机必须在跑道上滑行，直至达到起飞所需要的最小速度。飞机机翼的剖面轮廓与鸟类的翅膀一样，后端也有一个尖锐的边缘。没有这种尖锐的后缘，飞机就不能飞行。

2. 环流

环流可以用以下方式解释：当飞机起飞时，气流会在机翼后缘形成一个涡旋（如第 60 页的图所示，方向为逆时针方向）。根据动量守恒定律，每个涡旋都有其反涡旋。这个反涡旋

TENNEKES H. The Simple Science of Flight-From Inseots to Jumbo Jets. The MIT Press, Cambridge/MA, London, 2009.
ANDERSON D A, EBERHARDT S. Urderstarding Flight. McGraw Hill, 2010.

在示意图中显示为按顺时针方向环绕机翼的环流。这个反涡旋也称为环流涡旋，或简称环流。

3. 操纵流速

由于环流顺时针旋转，环流降低了机翼下表面的气流速度（红色的速度矢量），同时增大了上表面的气流速度（绿色的速度矢量）。

4. 压力和吸力效应

根据伯努利原理，在下表面产生压力，在上表面产生吸力，从而产生升力。

吸力最终是"来自另一侧的压力"

"吸力效应"一词应慎用。像空气这种气态流体中可能不存在吸力，因为气体是不能承受拉力的。实际情况是，下表面的正压力的增加是由上表面的负压产生的。一侧的负压总是意味着另一侧的正压。

起降与襟翼

在飞机起飞的过程中，为了增加升力，机翼的前缘会装有一个叫缝翼的结构，它的作用和鸟类的小翼羽一样（见第175页），同时机翼后缘还装有襟翼（如本页上图所示）。缝翼和襟翼使机翼的曲率增大，从而提高升力。在降落时，飞机的速度降低，气流产生的升力减小。如果没有这些辅助装置，气流会分离并破坏升力的产生。在着陆期间，制动襟翼会在机翼的上表面展开，以降低飞机的速度。

远洋白鳍鲨（*Carcharhinus longimanus*）的密度大于水。所以，一旦停止游动，它就会下沉。在游动时，它坚硬的胸鳍向上倾斜，如同飞机的机翼一样产生升力。胸鳍位于鲨鱼的重心之前，产生的升力会形成一个使鲨鱼的头部向上抬起的力矩。

然而，鲨鱼的背鳍同时产生一个使头部向下倾斜的力矩。这两个力矩互相抵消，鲨鱼才能向前游，不至于下沉。

刚性翅膀及其给人类的启示

刚性翅膀，隐藏与否

    本页图中的果蝇的刚性翅膀只有几
毫米长，休息时这些翅膀保持展开的屋脊状。
隐翅虫(隐翅虫科)的翅膀的长度与果蝇大致相同。
在飞行时，隐翅虫的翅膀也变成非常坚硬的刚性翅膀
（对页组图）；休息时，隐翅虫的翅膀会折叠起来，隐藏
在短短的鞘翅下面。

果蝇和隐翅虫的飞行能力不相上下

    由于大小、形状和运动方式都非常相似，我们可以认为果蝇和隐翅虫的翅
膀在以相同或至少非常相似的方式在发挥作用。

果蝇的飞行行为已被广泛研究

果蝇的翅膀模型被设计成网球拍大小，并且利用一个特殊的机械系统被安装在油槽里。这些翅膀模型的挥动方式是根据果蝇翅膀的真实挥动情况设计的。在对页图中，照片中的果蝇排成一圈，很好地展现了果蝇的一个完整的振翅周期。

油槽中雷诺数的相似性

在油槽里测量翅膀的运动参数有两个主要的优势。首先，我们可以让果蝇翅膀的模型以非常低的频率挥动，例如 1 赫兹，而不是通常的 300 赫兹。如果油槽实验的条件设置得恰当，这两种情况下的流体物理特性应该是相同的（这种相似性已被雷诺数所描述和量化）。其次，我们可以为翅膀模型的支承结构配备变形测量仪，用它来测量翅膀在各个方向上的弯曲变形情况。这样我们就可以获得翅膀运动过程中作用力的大小和方向。

空气动力的不同组成部分

通过这种测量，我们可以确定空气动力中的稳定和非稳定的组成部分。如果空气动力不随时间变化，则空气动力是稳定的。在向下挥翼的过程中，空气动力是近似稳定的，因为在这个过程中翼的运动范围和方向的变化很小。

毫秒之内的快速旋转

然而，在低点的转折处，翅膀绕其纵轴旋转得非常快，其角速度高得惊人，每秒高达 50 000 度（相当于每秒 140 圈！），一个完整的振翅周期所需的时间不到千分之一秒。

提供一半必需的空气动力

果蝇翅膀的上下扇动过程是高度非稳定的。它将产生斜向下方的强烈涡流，从而产生斜向上方的反作用力。"经典"的稳定分量为大型鸟类提供了足够的升力，但对小型昆虫来说不能提供足够的升力。对于果蝇来说，非稳定分量提供的空气动力达到了惊人的 50%。

隐翅虫（Staphylinidae, 隐翅虫科）

DICKINSON M H. The effect of wing rotation on unsteady aerodynamic performance at low Reynolds. J. Exp. Biol, 1994, 192: 179 - 206.

当大型昆虫起飞时

一只锹甲正在起飞

欧洲深山锹甲（*Lucanus cervus*）是迄今为止欧洲最重的昆虫。本页中的这只锹甲长 7 厘米，重约 10 克。所以，在起飞时，它需要用尽全力，这有点像大型鸟类的起飞方式。锹甲的飞行状态相对稳定、平直，可以达到 45 度的爬升角度。然而，这种甲虫的敏捷性无法与小型昆虫的相比。

鞘翅也扇动

欧洲深山锹甲的翅膀需要每秒扇动 80 次才能够起飞。本页中的图片显示，在飞行的过程中，欧洲深山锹甲的鞘翅也在扇动。鞘翅是一种稳定的空气动力发生器，目前人们已经借助精确的空气动力学测量仪器开展了一些相关的研究。

最大有多大

一些热带昆虫的大小和体重远远超过欧洲深山锹甲。泰坦大天牛是世界上体长最长的甲虫，其体长超过 20 厘米，它的拉丁学名——*Titanus giganteus* 的意思就是巨大的甲虫。据说最大的泰坦大天牛个体重达 110 克，这不免让人们对它们的飞行能力产生怀疑。

NACHTIGALL W. Zur Aerodynamik des Coleopterenflugs:Wirken die Elytren als Tragflügel? Verh. Dtsch. Zool. Ges. Kiel, 1963: 319 - 326.

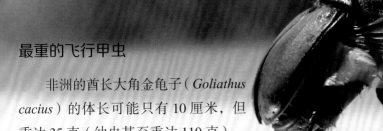

最重的飞行甲虫

非洲的酋长大角金龟子（*Goliathus cacius*）的体长可能只有 10 厘米，但重达 35 克（幼虫甚至重达 110 克）。如果你观察自己所在地区的星花金龟子，就会发现它们的鞘翅的在飞行的过程中是不展开的（见第 40 页）。用于飞行的膜翅是从鞘翅侧面的缺口处伸出来并展开的。另见第 236 页。

3 厘米长的圣甲虫（*Scarabaeus*, 粪金龟属）

利用同样的方式（观察本页中上面和下面几张甲虫起飞的照片）很难确定圣甲虫什么时候起飞。值得注意的是，在起飞前，它们会旋转身体，使阳光照在它们的背上。这一点可以从它们起飞时留在地面上的阴影看出来。这可能是这种甲虫的导航技术（当没有阳光时，它们能利用天空中散射的偏振光进行导航）。

Ⓢ

Ⓢ

协调性和节奏

庭园丽金龟与欧洲深山锹甲

庭园丽金龟（*Phyllopertha horticola*）和欧洲深山锹甲都是金龟子科的成员，我们一般能在6月见到前者，而后者只有在7月才能偶尔见到。后者的体重是前者的100倍。

这两种甲虫都喜欢飞行。这对庭园丽金龟这样的小甲虫来说可能不那么奇怪，但考虑到它们的体形，这仍然令人吃惊。体形巨大的欧洲深山锹甲具有飞行能力则是演化的奇迹。

起飞阶段至关重要

需要足够大的动力，笨重的甲虫才能飞起来。因此，升力必须大于甲虫所受的重力。问题是起飞时并没有气流存在，因此甲虫必须通过扇动翅膀来产生气流。甲虫必须以最大的幅度和最高的频率来扇动翅膀，同时需要最大限度地协调好振翅与转翅动作之间的连贯性。这对甲虫来说意味着能量的大量消耗。

空中不断重复的动作

要强调指出，我们比较的是两种近亲甲虫。一旦它们完成起飞，情况就会变得好多了，特别是大型甲虫，它们能以较高的速度飞行（即使在地面上奔跑的人也很难跟上甲虫）。通过高速摄影机拍摄到的一系列连续照片，我们可以看出它们的飞行存在惊人的相似之处。它们的飞行动作都是有节奏和周期的。

以垂直的姿势飞行可能是一种优势

欧洲深山锹甲必须飞得比其他动物更垂直，以平衡一对沉重的"钳子"。这种垂直的飞行姿势有一个优点，那就是它可以使甲虫轻松地降落在树干上——这通常正是它们瞄准的目标。翅膀的振动平面与甲虫身体的长轴之间有一个较小的夹角，但角度不是很大。如果甲虫想要慢慢飞，它们就必须增大躯干的攻角（译者注：攻角即身体与水平面的夹角，在飞机的飞行术语中称其为攻角或迎角），也就是说使躯干的倾斜角度更大，振翅平面更接近于水平方向。以这种方式，甲虫获得的升力才会大于推力，它们才可以在空中支撑自身体重甚至升高，但这将降低其向前飞行的速度。

GLAESER G. Der Mathematische Werkzeugkasten, Anwendungen in Natur und Technik (4. Aufl.). Springer Spektrum Heidelberg, 2014.

欧洲深山锹甲（*Lucanus cervus*）

速度与身体的倾斜角度

　　一般来说，昆虫飞得越慢，身体的倾斜角度就越大。这可以在果蝇身上观察到，果蝇几乎总是在原地悬停飞行（见第 62 页）。另外土蜂属（*Scolia*）的一些种类总是在粪堆上空缓慢地悬停飞行，以便寻找寄主幼虫产卵。

不同的飞行能力

勉强飞行

这只连跳带飞的大绿螽斯（*Tettigonia viridissima*）是螽斯类昆虫中体形较大的一种，在本页图中，从它长而略微弯曲的产卵器上，我们可以看出这是一只雌虫。事实上，它只能飞行几米远的距离——从一棵灌木飞到另一棵相邻的灌木上。蝗科（Acrididae）昆虫中的东亚飞蝗（*Locusta migratoria*）的体形较大，可以在空中飞行几天，并乘风飞行几百千米。

RAYNEY R C. Insect flight. Blackwell Sci. Publ., Oxford, 1976.

"跳跃"助飞

跳跃让起飞更容易

海鸟有时会用腿来蹬水，在水花四溅中起飞。昆虫经常用后腿跳跃。对于起飞来说，有一点非常重要，那就是在起飞最初的一瞬间必须产生气流。除了翅膀的第一次扇动，跳跃也能帮助产生气流。跳跃还有助于防止翅膀的末端撞到地面或水面。

最大和最小的鸟类

最小的鸟类

我们不知道最小的化石鸟类看上去是什么样子的。现存最小的鸟类是吸蜜蜂鸟（*Mellisuga helenae*），其翼展为 9 厘米，体重约为 2 克，振翅频率为 50 赫兹以上。只要能量够用，这种蜂鸟就能一直飞行。

史上最大的鸟类

这种鸟绝对是飞行鸟类中的巨人，它们只能借助安第斯山脉的上升气流和热风翱翔。它们就是阿根廷巨鹰（*Argentavis magnificens*），翼展达 7.5 米，大约 600 万年前生活在阿根廷，被认为是有史以来最大的鸟类。据推测，它的体重有 72 千克，飞行时的速度可达 100 千米 / 时。

现存鸟类的最大翼展

安第斯兀鹫（*Vultur gryphus*）是现存最大的鸟类之一。平均而言，安第斯兀鹫的翼展为 2.9 米，体重为 11.4 千克。有些雄性个体的体重可达 15 千克，翼展达 3.1 米。因此，安第斯兀鹫已经非常接近主动飞行能力的极限了。1 赫兹的振翅频率可支撑其庞大的体重，但它们不能主动地进行长时间的连续飞行。安第斯兀鹫能利用山脉的上升气流来进行长距离飞行。

7 500 倍的体重悬殊，相同的飞行速度

最小的鸟类和最大的现存鸟类在翼展方面相差了 34 倍，但在体重（极端情况）方面最大相差了 7 500 倍。值得注意的是，最小的鸟类和最大

的鸟类的飞行速度基本相同，都约为 50 千米 / 时。那么，对于飞行鸟类来说，体重的上限和下限是多少呢？

演化限制的体重上限

和所有的非寄生动物一样，鸟类从自己的新陈代谢中获得能量。它们在单位时间内产生一定数量的能量，这种能量也称为代谢能。飞行需要一定数量的代谢能，即所谓的飞行能。只要它们产生的代谢能超过飞行能，鸟类就能够飞行了。

代谢能和飞行能都随着鸟类体重的增长而呈现指数性的增加。飞行能的起点较低，但它的增长速度高于代谢能。结果，这两种能量的曲线在体重为 12 千克处相交。对于体重为 12 千克的鸟类来说，飞行能几乎消耗了所有的代谢能，它们同时还要满足身体的其他重要功能的能量消耗。现存的最大鸟类是具有 3.25 米翼展的漂泊信天翁（*Diomedea exulans*）和前面提到的安第斯兀鹫。

演化挑战鸟类体重的物理极限

研究一下近期演化如何挑战鸟类的物理极限，是非常有趣的。能飞的最重的现存鸟类的平均体重为 18~20 千克 [如疣鼻天鹅（*Cygnus olor*）、加州兀鹫（*Gymnogyps californianus*）、白鹈鹕（*Pelecanos onocrotalus*）和灰颈鹭鸨（*Ardeotis kori*）]。

这些鸟类（如雄性大鸨）仍然有能力进行连续飞行，但是他们的体重较大，跳跃高度有限，只有借助外部的力量才能起飞和保持飞行。这些外部力量最终来自太阳产生的热风或其他形式的上升力。体重达 15 千克的鸟类在这种情况下才可能飞行，就像安第斯兀鹫那样。事实上，安第斯兀鹫是一个挑战鸟类体重的物理极限的演化例子。

CAMPBELL E K, TONNI E P. Size and Locomotion in Teratorns (Aves:Teratornithidae). The Auk Washington, 1983: 390 - 403.
NACHTIGALL W, Vogelzug und Vogelflug . Rasch und Röhring, Hamburg, Zurich, 1987.
PENNYCUICK C. Animal flight. Studies in biology, 1972.

艳蜂鸟（*Amazilia amazilia*）

演化与物理学

兀鹫（*Gyps fulvus*）

体重下限

另一方面，体重最轻的鸟类通过它们的新陈代谢来满足所需要的飞行能不存在任何问题，可以说它们是"能量巨人"。它们单位质量的肌肉能量效率比体形巨大的鸟类更高。

体重轻的种类可能是"能量巨人"，但是……

然而，一个先决条件是它们要能吃到足够的食物，以保持最高的代谢率。因此，蜂鸟需要不停地取食花蜜。晚上休息时，它们会降低代谢率和体温，以节省能量。在作者所在的地区，戴菊（*Regulus*）是当地体重最轻的鸟类，它们的情况也是如此。尽管它们在夜间不太活动，但到了早晨体内剩余的能量也只勉强够它们离巢活动，这就是它们必须立即开始进食的原因。否则，它们将活不过半日。

能量关系最终反映了身体的生理条件，例如体表面积和体重之间的关系。因此，能量关系支配着一种动物的生命及其演化的方方面面。这也适用于鸟类的迁徙过程。

生态类型

只有将生态类型相似的鸟类进行比较才有意义。在飞行鸟类中，体重最大相差 7 500 倍（译者注：15 千克重的安第斯兀鹫和 2 克重的吸蜜蜂鸟）。鸵鸟的体重达 100 千克，从数字上说，鸵鸟和最小的蜂鸟的体重之比约为安第斯兀鹫和最小的蜂鸟的体重之比的 7 倍。然而，这样的比较没有任何实际意义。（译者注：这是因为鸵鸟不会飞，它们的生态类型与蜂鸟不相。）

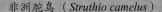

非洲鸵鸟（*Struthio camelus*）

隼（sǔn）类：世界上飞行速度最快的动物

矛隼（*Falco rusticolus*）

A   B   C

以 90 米 / 秒或更高的速度俯冲

　　对页中的照片是以 1/60 秒的时间间隔拍摄的。通过以静止的背景作为参照物进行计算，图中的矛隼在 1/12 秒内飞行了 2 米，即以 24 米 / 秒（86 千米 / 时）的速度飞行，这对于鸟类来说是相当了不起的速度了。但是，速度最快的鸟类是游隼，它们能以超过 340 千米 / 时（95 米 / 秒）的速度进行俯冲。在对页的图中，矛隼在放飞之前会跟着系在绳索上的诱饵飞行。在

PONITZ B, SCHMITZ A, FISCHER D, et al. Diving-Flight-Aerodynamics of a Peregrine Falcon (Falco peregrinus). PLOS ONE, 2014, 9(2).

CIESIELESKI L C. Der Gerfalke. Westarp Wissenschaften, Hohenwarsleben, 2007.

矛隼 *Falco rusticolus*

第一张图片中，这只矛隼即将错过转弯处，它正在努力克服离心力。离心力使它偏离了圆形路径，此时它将翅膀完全展开，翅膀几乎垂直于水平面。在后面的照片中，矛隼表现为正常的飞行姿态，翅膀更接近水平，并稍微收拢。令人吃惊的是，它的头部总是水平的，甚至在它的翅膀沿着垂直方向展开时也是如此。在第一张照片中，它的头部与翅膀几乎成 90 度角。这使得矛隼即使在这样的飞行中也能够时刻保持空间定向能力。

详细的科学研究

2014 年，波尼茨等人利用经过训练的游隼，仔细地研究了游隼从一座 60 米高的座坝上向下俯冲的情况。虽然游隼没能达到在野外自由空域中俯冲的最快速度（高达 320 千米 / 时），但它们的速度仍然接近 80 千米 / 时。它们的最大加速度为重力加速度的 1.2 倍。在第一阶段中，它们的翅膀几乎完全合拢，翅膀的中间部分折叠起来（见第 72 页图 A）。游隼能通过轻微地改变飞行姿态来控制方向。在最后阶段，鸟体呈现为腿和翅膀紧贴着身体的独特姿态，以减小空气的阻力（见第 72 页图 B）。为了分析它们在高速俯冲时的行为，研究人员根据这些照片建立了风洞模型。在最高雷诺数的（见第 56 页）条件下，即以 144 千米 / 时的速度俯冲时，模型的最小正面阻力系数低至 0.08 左右，这是一个惊人的低值。

陆上的蹒跚者，水中的健将

从南极洲到赤道

    几乎所有的企鹅都生活在南半球。洪堡企鹅（*Spheniscus humboldti*）是南美洲最南端太平洋沿岸的特有动物。它们是环企鹅属的成员，加拉帕戈斯企鹅（见对页）也属于这个属。加拉帕戈斯企鹅是加拉帕戈斯群岛上唯一的一种企鹅，它们是最接近北半球生活的企鹅。

非洲企鹅（*Spheniscus demersus*）

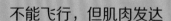

不能飞行，但肌肉发达

    所有的企鹅都不具有飞行能力，但是它们的体形和短短的翅膀特别适合在水下快速游动。由于企鹅的翅膀在水中向上挥动和向下挥动时都会产生推力。因此，它们抬翅和降翅的肌肉都很发达。抬翅的肌肉附着在肩胛骨上，这就是它们肩胛骨的表面积比其他鸟类大的原因。

没有飞羽的翅膀

加拉帕戈斯企鹅（*Spheniscus mendiculus*）

沉重的骨骼

与飞行鸟类的中空骨骼相比，企鹅的骨骼是实心的，重于中空骨骼，这是因为在水中游泳时不需要减轻体重。企鹅在水下捕鱼，因此它们潜水的时间长得惊人。它们大多履行一夫一妻制，在裸露的冻土上或洞穴里孵卵，每窝产两枚卵。

覆羽的变化

企鹅的覆羽小而坚硬，这为它们的躯干和鳍状翅膀提供了一层鳞片状的流线型覆盖层。测量结果显示，巴布亚企鹅（*Pygoscelis papua*）的正面阻力系数非常小（$Cw_{st} = 0.07$）。

翅膀在抬起和下落的过程中都产生推力

在下一页中，洪堡企鹅的照片显示了它们在水下游动时是如何挥动鳍状翅膀的。鳍状翅膀的剖面几乎对称，这样在翅膀抬起和下落时，可以使翅膀的上下表面都能以一定的角度进行划水。因此，企鹅的鳍状翅膀在抬起和下落的过程中都能产生推力。企鹅在游动的过程中不需要产生升力，因为企鹅受到水的浮力的支撑。

蜂鸟悬停飞行时的升力和推力

蜂鸟的翅膀也是对称的，它们在原地悬停飞行时，翅膀在上、下扇动的过程中都会产生升力以支撑它们的体重，但并不产生推力，这是因为推力会导致蜂鸟"飘走"。

气泡策略

在有关企鹅的自然纪录片的水下镜头中，我们往往可以看到刚刚潜入水中的企鹅被包裹在一团气泡中。当它们潜入水中后，附着在它们身体表面的大部分空气会被挤压出去，然而仍有一部分空气被闭锁在它们的羽毛之下。当企鹅长途狩猎归来时，为了将自己从水中的礁石上弹射到空中，它们开始在水下冲刺，这时它们的周围也会留下这样的气泡。通过收紧覆羽，羽毛之下的空气会被释放出来。气泡在身体与水的交界处起到润滑作用。在跃出水面这个瞬间，包围企鹅的是空气而不是水。空气的黏性阻力比水小，这使企鹅能够达到跳出水面的必要速度。有一种俄罗斯产的鱼雷，其尖端能释放空气，它就是利用这样的原理来达到非常高的发射速度的。

NACHTIGALL W, BILO D. Stromungsanpassung des Pinguins beim Schwimmen unter Wasser. J. Comp. Physiol, 1980, 137: 17 - 26.

飞行?

企鹅的覆羽小而坚硬，这为它们的躯干和鳍状翅膀提供了一层鳞片状的流线型覆盖层。

洪堡企鹅（*Spheniscus humboldti*）

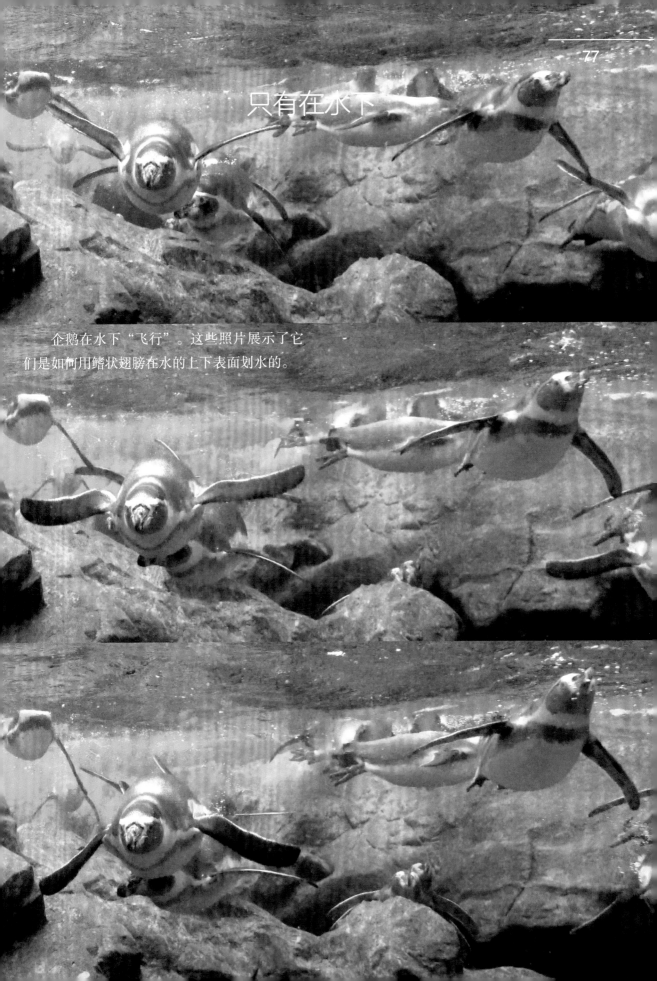

只有在水下

企鹅在水下"飞行"。这些照片展示了它们是如何用鳍状翅膀在水的上下表面划水的。

偶尔的飞行者

它们看起来就像缆车中的乘客，但是……

　　蜘蛛和螨虫没有翅膀。然而一些蜘蛛类的节肢动物可以通过空气进行迁移。它们织出一根很容易被风带走的长丝，然后像热气球吊篮里的乘客一样把自己吊起来。当然，这种比喻不是十分准确，因为这些蜘蛛不是利用气球的飞行原理飞起来的。热气球升起依靠的是空气静力学升力，因为热气球中的气体比空气轻。另一种使热气球悬浮在空中的力是由空气流经

球体后所产生的脱落涡。这就产生了一种压力阻力 $F_{W\,Pressure}$。雷诺数 Re 提供了反映压力阻力与摩擦阻力关系的信息（见第 56 页）。然而，蛛丝比空气重，那么这些丝如何在大气中飞行呢？它们甚至能提升起相对较重的蜘蛛，其原理是什么呢？

摩擦阻力起了主要作用

　　为了理解这一点，我们只需要看一下作用于蛛丝的力。当蛛丝在静止的空气中下沉时，它会受到来自下面的气流的作用。每一部分蛛丝都被气流包围，气流流经蛛丝时会与蛛丝形成摩擦，

产生的力这就是摩擦阻力 $F_{W\,Friction}$。

脱落涡和高摩擦系数

　　这就是雷诺数的作用所在（见第 56 页），从根本上说，它就是压力阻力与摩擦阻力的比值。

$$Re = F_{W\,Pressure}/F_{W\,Friction}$$

　　对于直径为 1/100 毫米，以 10 厘米 / 秒的速度下沉的蛛丝，其雷诺数 $Re \approx 1/15$。也就是说，其摩擦阻力是压力阻力的 15 倍，因此我们可以忽略压力阻力。对于蛛丝来说，空气是一种黏性介质，只对蛛丝产生摩擦。这种摩擦具有极大的摩擦系数，从而使蛛丝的下沉速度降到很低。

依靠一缕轻风就能起飞

　　如果这样的蛛丝遇到超过 10 厘米 / 秒的风速，它就会升到空中。但现实中几乎不存在这么慢的风速。微风（风力 2 级，吹到脸上时几乎注意不到）的速度就已经达到 1.6~3.3 米 / 秒。也就是说，不管多么柔和的一缕轻风都会把蛛丝和其上的蜘蛛吹向天空，并让其随风飘向任何方向。因此，蜘蛛的旅行非常舒适，而且不会浪费自己的力气。它们只需要根据物理学定律，利用好它们的蛛丝就可以了。

　　通常，成年皿蛛科的蜘蛛在秋天就是利用这种方式进行迁徙的，而它们的幼蛛在初夏也是这样迁徙的。有些螨虫（蜘蛛螨、叶螨科）也属于蛛形纲，也以这种方式进行迁徙。

　　关于本页图片：一旦这只小十字园蛛释放出蛛丝，它就会被蛛丝轻松地带到空中。这种行为对十字园蛛来说非常有用。

ROBERTS M J. Spiders of Britain and Northern Europe. Collins Field Guide, 2001.
FOELIX R F. Biology of Spiders. 3. ed. Oxford Univ. Press, 2011.

无翼滑翔

甚至有些蛇类

目前，人们共记录了5种能滑翔的飞蛇，它们的体长可达1.2米，可以像普通飞蜥（*Draco volans*）一样伸展开它们的肋骨（见第11页）——此时身体的表面积也扩大

定器，而前腿和中腿则交替划动。最近，人们发现了一些蜘蛛（*Selenops*，拟扁蛛属）可以用类似的方式滑翔。

到原来的2倍。它们的身体背面凸起，腹侧扁平，形如机翼剖面一般。刚一"起飞"，它们就将身体弯曲成S形在空中滑行，这种姿势有助于产生升力。

蚂蚁和蜘蛛可以滑翔

滑翔蚁（*Cephalotes clypeatus*）的头上有一个护板，它从树上跳下来时，可以用护板进行滑翔。巴拿马的大齿猛蚁（*Odontomachus bauri*）滑翔时能快速在空中游动，它们将后腿作为稳

SOCHA J J. Kinematics - Gliding flight in the paradise tree snake. Nature, 2002, 418 (6898): 603 - 604.

SOCHA J J, O'DEMPSEY T, LABARBERA M. A 3-D kinematic analysis of gliding in a flying snake, Chrysopelea paradisi. J Exp Biol, 2005, 208 (10): 1817 - 1833.

YANOVIAK S P, DUDLEY R, KASPARI M. Directed aerial descent in canopy ants. Nature, 2005, 433 (702): 6624 - 6626.

YANOVIAK S P, DUDLEY R. The role of visual cues in directed aerial descent of Cephalotes atratus workers（Hymenoptera: Formicidae）.J. Exp. Biol, 2006, 209 (9): 1777 - 1783.

YANOVIAK S P, MUNK Y, DUDLEY R. Arachnid aloft: directed aerial descent in neotropical canopy spiders. Journal of the Royal Society Interface, 2015, 12 (110).

对降落的详细分析

用一点物理学知识来探讨问题的本质

对于小型鸟来说，降落发生在一瞬间，我们用肉眼很难看清楚任何细节。出于这个原因，对于降落，我们要应用生物物理学的慢动作分析法来对此进行仔细地研究。

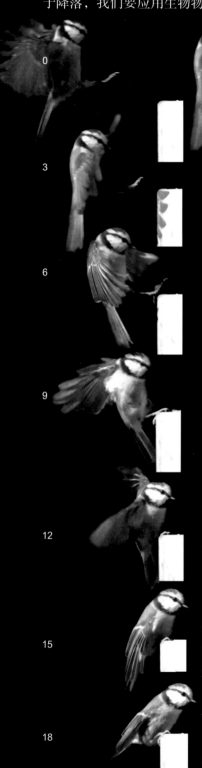

85 帧 / 秒

例如，以 250 帧 / 秒的速度拍摄图像，然后每隔 2 帧选取 1 帧图像，再将其排列起来，我们就得到了本页及下一页中的图片。它们的帧数是 0、3、6……这些照片的间隔时间约为 1/85 秒。

速度和加速度曲线

由于不可能确定动物的重心（或几何图形的中心，即型心），所以在下面的图像分析中，我们以鸟眼的中心为准，绘制距离-时间曲线，即 $s(t)$ 曲线。在每三帧之间，平均降落速度按公式 $v = \Delta s/\Delta t$ 来计算，并以米 / 秒和千米 / 时为单位绘制速度-时间曲线，即 $v(t)$ 曲线。近似的负的加速度 $-b = \Delta v/\Delta t(t)$ 也可以计算出来，并将米 / 秒^2 换算成重力加速度的倍数为单位绘制加速度-时间曲线，即 $-b(t)$ 曲线。

振翅制动以降低速度

这个比较很有指导意义。（在评估中将数字四舍五入到小数点后两位，这是技术领域评估时的通常做法。当然，以曲线图为基础的评估结果的准确性比较低。）蓝山雀的降落轨迹略微呈波浪状，运动轨迹倾斜向下，平均水平夹角不超过 15 度。在第 0 帧之前，这只鸟做了一次减速振翅，然后在着陆之前又做了两次减速振翅，在脚着陆的一瞬间又做了一次幅度较小的振翅（见第 18 帧图像）。人们可能会认为着陆速度是在每次减速振翅后突然降低的。如图所示，在一定程度上的确如此。减速振翅的确引起了速度-时间曲线的波动，即 $v(t)$ 曲线的波动，但波动并不是特别剧烈。这些减速振翅可能在曲线上产生了一些速率的急剧下降，但通常情况下，着陆速度会以恒定的速率下降。这是由鸟体的惯性造成的，惯性抑制了速度的快速变化。

减速振翅使速度在 1/14 秒内降低了一半

在 0~3 帧间，蓝山雀的降落速度约为 2.34 米 / 秒（相当于 8.42 千米 / 时）。到鸟脚着地时，它飞过的距离为 12.7 厘米，经过的时间为 0.072 秒，即 1/14 秒，靠振翅减速使速度降低到 1.21 米 / 秒，相当于 4.36 千米 / 时——也就是第 0 帧和第 3 帧之间速度的一半。

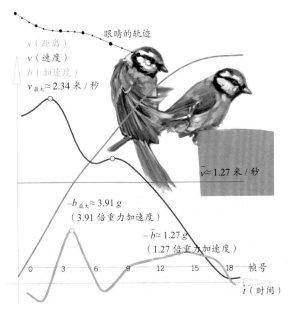

上图：间隔 1/250 秒图像的计算机分析。

绿色：距离－时间曲线。蓝色：速度-时间曲线。橙色：加速度-时间曲线（横坐标上的镜像）。图像每隔两帧（1/85 秒）进行编号。最初只对这些帧图像进行了"人工分析"，但最后的结果已经非常明显。

现在，减震器开始发挥作用

在后面的图中，直到小鸟落地（第 18 帧，最终位置），鸟腿才发挥作用。最初，鸟腿与竖直平面以约 145 度角向前下方伸出，然后逐渐折叠，直至落地时的约 45 度角。鸟的双腿既是着陆装置，又是效果惊人的减震器。

减速过程只能通过"人工"的方法来计算。由于振翅制动作用，减速过程非常短暂。在 12.7 厘米的飞行距离上，也就是说到鸟脚落地时，它的速度从 2.34 米 / 秒降低到 1.21 米 /

秒，而时间在 0.072 秒内。因此，负的加速度：
$-b = (2.34 - 1.21) / 0.072 \approx 15.69$ 米 / 秒 ^{2}，即约为重力加速度的 1.6 倍（1.6g）。

负的加速度最高达重力加速度的 4 倍

比较各帧图像时会发现，减速时速度的变化也相当大：在第一个 3 帧内负的加速度为 22.10 米 / 秒 ^{2}（等于 2.25 倍的重力加速度），在最后一个 3 帧内为 41.65 米 / 秒 ^{2}（等于 4.25 倍的重力加速度）。因此，在这么短距离的制动飞行中，加速度相差 1.89 倍。

现在鸟儿必须落地了

一旦鸟腿着地，它就会进一步减速，直到完全停止。鸟脚在接触地面的瞬间会向内弯曲 100 度。此过程产生的减速力会缓冲着陆时鸟腿受到的冲击。腿部的伸展肌和肌腱在降落的过程中使腿伸直。同时，鸟的身体会向前倾，头向前伸，直到停下来。在最后阶段，其他肌肉，特别是位于腿后部的肌肉也有助于减轻触地冲击。在这个过程中吸收的能量除了被用来改变鸟的姿态外，其余的被以热量的形式释放到环境中。在最后阶段，总的平均加速度约为重力加速度的 2 倍。降落时良好的"减震器"来减小落地时的冲击！

感觉器官和肌肉的完美协调

看似轻松的着陆过程并非随便完成的，而需要精确的控制和导航，一方面需要感觉器官作为传感器，另一方面需要负责飞行的腿部和躯干部位的肌肉作为运动器官，它们之间相互协调才能完成着陆过程。而且，所有这些过程都必须在几毫秒的时间内完成。

在空中捕食昆虫

在飞行中捕食昆虫

黄喉蜂虎能在飞行中完美地捕食蜜蜂、蜻蜓和其他昆虫。在飞行中捕食需要快速反应，这种快速反应在交配季节的雄性飞行竞赛中也用得上。快速改变飞行的方向和高度是它们飞行技能的重要组成部分。

以 1.8 米 / 秒的速度爬升

在对页的照片中，黄喉蜂虎正在以近 60 度的倾角向上方飞行，拍摄速度为 240 帧 / 秒。现在我们沿着飞行路线进行观察，在 1/20 秒的时间内，可以拍摄到 12 张照片。它们对应 12 个位置，这 12 个位置之间有 11 个间隔距离，然后我们将每个间隔距离都扩大 10 倍。这样做是为了避免图像重叠，因为这只鸟在 1/10 秒的时间内只飞过了 22 厘米的距离，相当于平均上升速度为 1.8 米 / 秒。图中展示的是一个完整的振翅周期，包括一个下挥和一个上挥过程。

"动物固定轨迹"和"空间固定轨迹"

在对页上部的草图中，我们将振翅过

黄喉蜂虎（*Merops apiaster*）

程中翼尖的位置用一条线连接起来，这条轨迹称为"动物固定轨迹"。这个草图展示的是：翅膀在挥动时先沿着从身体的后上方到前下方的轨迹运动，然后沿着另一条轨迹回到后上方（上行轨迹位于下行轨迹的后面）。在下方的折返点处，翼尖的轨迹形成了一个环。这个环形轨迹的形成是由初级飞羽的弹性及其运动造成的，因为当翼尖向上抬起时，初级飞羽的末端像鞭子一样再次向下方回抽了一下。在上方的折返点处，上、下行运动轨迹几乎在完全相同的位置相遇。因此，翼尖在一个振翅周期中的运动轨迹与下一个周期的轨迹几乎一样。"空间固定轨迹"展示的是翼尖在空中位置的变化。在黄喉蜂虎向斜上方飞行的过程中，第一张照片和最后一张照片看上去几乎一样。相对于"动物固定轨迹"，"空间固定轨迹"更多地展示了鸟类空间位置的变化，并展示了在向上飞行的过程中翅膀是如何像螺旋桨一样工作的。

翅膀犹如水平的螺旋桨

鸟类的翅膀犹如水平的螺旋桨，从上方吸入空气并将其向下加速。这会产生向上的反作用力，使鸟类获得升力。在我们举的这个例子中，"螺旋桨"在空间中是倾斜的，因此，它产生了一个指向前方的额外的反作用力——在产生升力的同时，也形成了推力。当过渡到水平飞行时，翅膀将以一个更大的角度向后下方振动，以便产生更大的推力。这使鸟类能够以最快的速度飞行。

就像航空母舰上垂直起飞的飞机

可变向螺旋桨飞机（具有垂直起降系统，适用于航空母舰）的垂直起飞采用了相同的工作原理：首先它们只产生升力，然后产生越来越大的推力。

对爬升飞行的分析

动物固定轨迹（红色）和空间固定轨迹(黑色)

黄喉蜂虎爬升飞行的详细分析：在一个完整的振翅周期内，间隔距离被扩大了10倍。在1/10秒时间内，它飞过了22厘米的距离。具体分析见上页。

白额蜂虎（*Merops bullockoides*）

设计灵感来自蝙蝠和鸟类的飞行器

塞舌尔狐蝠（*Pteropus seychellensis*）

达·芬奇的飞行器——蝙蝠和鸟类的混合体

达·芬奇设计了著名的飞行器，可以绑在人的背上，想让人能像鸟儿一样飞行。这个飞行器看起来像蝙蝠的翅膀。它由一组弯曲的金属杆组成，形状就像蝙蝠的前肢。浸渍的帆布紧紧地绷在这些金属杆之间，这与蝙蝠的飞行翼膜不太一样。然而，蝙蝠并不是达·芬奇设计飞行器时唯一的灵感来源。作为资深的观鸟者，他还在飞行器翅膀的设计上借鉴了鸟类的初级飞羽的结构。这些初级飞羽的羽轴上排列着带倒钩的羽支。当鸟类向下挥动翅膀时，倒钩结构使初级飞羽连接成一个封闭的表面；而在向上挥翅时，它们互相分开，让空气流过。达·芬奇模仿这一原理，用类似的结构设计了他的飞行器的翅膀。

虽然它不符合静力学和流体动力学的基本原理……

这些设计灵感来自自然的启发，但由于它们不符合静力学和流体动力学的基本原理，所以它们无法发挥作用。那时，科学还只是作为一种经验的观察而存在。此外，达·芬奇低估了动力问题。就像他的许多发明（例如自行式马车，现代汽车的最早设想）一样。想用这样的翅膀获得足够的升力，人的胸部和手臂的肌肉量至少应为现在的 25 倍。当然，这丝毫没有减少达·芬奇这位天才发明家的魅力，他是一个天才的观察者和自然的解释者。

与众不同的蝙蝠翅膀

塞舌尔狐蝠（*Pteropus seychellensis*）

蝙蝠翅膀的外形与鸟类的不同

蝙蝠翅膀的外形与鸟类翅膀不同，鸟类翅膀的外形决定了它们能有效地产生升力（见第 56 页）。但蝙蝠卓越的飞行能力还是让人印象深刻，特别是长途飞行能力。

这可能与蝙蝠翅膀的前缘形状有关。蝙蝠翅膀的前缘与鸟类翅膀的前缘不同，后者的形状为有一定厚度的弧形，而前者的结构是由翼膜硬化而成的扁平龙骨结构。结果是，蝙蝠翅膀的空气边界层容易形成乱流，而不是在翅膀上表面形成分流，这会导致翅膀升力的崩溃。但是，这会产生一个前缘涡旋，有助于空气在翅膀上表面流动。这种特殊的动力学特征能让蝙蝠在飞行倾斜角度很大时还能使用它们的翅膀。这就解释了为什么蝙蝠的飞行具有极高的机动性，这也正是它们高超的捕食行为背后的原因。

演化使整个生物系统达到最优化

我们在这里再做一点补充。演化一直在尽全力地对整个生物系统进行优化，而这种优化是通过"残酷地开发"生物在生理上的可能性与极限来实现的。形象来说，演化并不只是优化飞行动物翅膀的结构，而是把一个生物体所有可能优化的方面结合起来，从而尽可能有利于整个生物的生存、竞争和繁殖。用达尔文的观点来说，演化在尽可能使生物体更"适合"环境。

第 4 章 演化的动力

性选择，气候变化

　　生物能如此有效的演化，一个重要的原因就是它们存在两种性别，而且这两种性别的结合方式多种多样。在大多数情况下，雌性根据某种合适的标准选择雄性，而雄性需要在雌性面前展示自己（雌性选择）。另一种方式是雄性直接通过互相打斗争夺雌性（雄性竞争）。如果群体中一部分个体的下一代的飞行能力比其他个体更好，则这一特征是由遗传突变造成的，而这一突变使它们的生物物理学特性得以发展，甚至接近它们的极限。

性别演化（1）

性选择

尽管自然选择体现在生物日常生活的各个方面，如寻找食物、逃避天敌以及竞争各种资源，但在寻找和获得配偶方面的竞争是异常艰难的选择过程，即性选择。一般来说，性选择可以定义为：在繁殖过程中，两性中某一性别的个体（通常是雄性）为了交配而与种群中同性别的其他个体展开竞争，得到交配权的个体能够繁殖后代，这个过程使那些能够增加个体成功交配机会的行为模式和结构得以巩固和发展。

更多的交配机会

性选择唯一的问题就是一个个体如何获得比种群中其他个体更多的交配机会。一旦一种生物发育成熟并准备交配，性选择就会发挥作用。因此，简单来说，我们可以认为通过自然选择获得的生存最终是为了在配偶争夺大战中获胜，从而进行繁殖。

性选择是非常直接的

因为性选择并不是为了生存，而是通过繁殖后代确保个体的基因得以传递。所以，性选择结果是非常直接的。性选择结果的最明显表现是性二型，即一个物种的雄性和雌性看起来明显不同。

两种类型的性二型

两种基本类型之间的区别如下。
1. 同性选择：
同性对手之间的选择。
（a）雄性-雄性竞争。
（b）雌性-雌性竞争。
2. 两性选择：
不同性别个体之间的选择。
（a）雌性选择。
（b）雄性选择。

不同形式的性二型

这两种基本类型的性选择产生了明显不同的性二型。雄性和雄性的竞争导致了各种战斗结构的发展。在脊椎动物中，典型的代表是鹿角。在昆虫中，我们也可以在它们的头部或胸部观察到各种类型的角，如犀牛甲虫和锹甲。它们的共同之处在于这些角都是用来竞争雌性的。雄性马鹿总是为了争夺更多的雌性而激战，它们因此而闻名。在鸡形目鸟类中，我们也可以观察到类似的行为。公鸡腿后面的刺可以作为争夺母鸡的战斗武器。（译者注：关于公鸡腿后面长的刺，术语称为距。）

各种类型的婚羽

另一方面，雌性选择容易使雄性鸟类演化出婚羽。对我们人类来说，雄孔雀和天堂鸟的羽毛可能看起来非常奢侈。这种婚羽的外观取决于鸟的种类、它们居住地的环境、它们最常用的感觉器官以及其他方面。这就是为什么有的鸟类甚至长有与听觉和嗅觉有关的羽毛。它们的共同作用是展示雄性作为父亲的健康状况。为此，这些羽毛装饰品的外观必须看起来是奢华和精致的，甚至有时会伴有香味或配合歌唱。这是为了展示只有健康的雄鸟才有能力长出如此奢侈的，有时甚至有点"碍事"的饰品。（译者注：婚羽是指雄鸟在生殖季节生长出来的鲜艳的、具有装饰作用的羽毛，其主要功能是吸引雌性。）

婚羽是健康的指标

雌鸟会在参与竞争的几只雄鸟中挑选出一

非洲鸵鸟（*Struthio camelus*）

欧洲深山锹甲（*Lucanus cervus*）

只最健康的进行交配。所以，这种婚羽发展的背后是激烈的竞争和选择。事实上，婚羽主要存在于雄鸟中，这是因为在雄性看来，雌性是它们必须竞争的稀缺资源。

并非所有的雌性都做好了交配的准备

虽然大多数物种的性别比例通常是平衡的，每个雄性都会拥有一个雌性，但实际上只有一小部分雌性个体才是雄性可以利用的资源，因为有些雌性可能不处在发情期（不准备交配）或已经怀孕。

因此，在某一特定时期，只有少数雌性是可获得的资源，因此对于这些雌性的竞争是非常激烈的。为了提高在这种竞争中获胜的概率，雄性必须做出更大的努力来吸引雌性。正如上文所述，通常准备交配的雌性的数量会少于雄性。

雄性昆虫通常会先孵化出来

通常在许多寿命较短的昆虫中，雄虫孵化出来的时间比雌虫早得多，这使得雄虫之间对雌虫的竞争会变得更加激烈。一旦最早的一批雌虫孵化出来，成群的雄虫便开始争夺这些雌虫。这极大地提高了竞争压力，因此，性选择的过程意味着雄虫所付出的极大努力，而且雄虫要在第一时间找到雌虫并与之交配。

感觉器官的选择

对有些动物特别是昆虫来说，这意味着对感觉器官的选择。那些用视觉器官来寻找配偶的动物通常长有特别大的复眼。对于那些使用嗅觉的种类，触角是它们的嗅觉器官，雄虫的触角在性选择的作用下变得非常发达，这就是雄虫比雌虫长有更复杂的触角的原因。一个众所周知的例子是，许多蛾类雄性的触角（例如非洲月亮蛾）能在几千米远的地方探测到雌性的信息素。

鸟类中的两性异形

飞行和滑翔器官也可能表现出几种形式的性二型。雄性鸟类的翅膀以及它们身体的其他部分常常被装饰得非常精致。这些装饰物由特别的羽毛构成，这些羽毛生长的部位包括翅膀（大眼斑雉）、背部（孔雀）和尾巴（公鸡）。然而，这些装饰物可能会带来行动上的不方便，而且容易使动物受到攻击。雄孔雀的羽屏犹如巨大的扇子，上面布满了美丽的眼状斑点，雄孔雀以此来吸引雌性的注意。但是它们又必须带着如此碍事的长尾巴来躲避老虎等动物的捕食。

恐龙最初的羽毛可能是求爱的饰物

在关于鸟类翅膀起源的争论中，有一种观点认为最初的羽毛除了具有保护作用外，还可能被用作求偶展示的装饰。这些附着在恐龙前肢上的羽毛可能逐渐变得更大、更鲜艳，进而导致前肢的加长。这些长着羽毛的前肢最终演变成了翅膀，最初这样的翅膀只能滑翔，后来逐渐演化出飞行功能。这个假设的缺陷在于——它不能证明为什么并非只有雄性演化出了飞行能力。

非洲月亮蛾（*Argema mimosae*）

性别演化（2）

为什么针尾维达鸟长这么长的尾羽

　　针尾维达鸟或者孔雀为什么要长这么长的尾羽？为什么马鹿要年复一年地长出一对大鹿角呢？动物生长出如此发达的鹿角或羽毛并且带着它们活动，需要耗费很多能量。既然如此，那么它们一定是有用途的。但这些装饰物并没有给这些动物的日常生活带来任何明显的好处。那么，演化为什么会产生并保存了这种看似无用的结构呢？

针尾维达鸟（*Vidua macroura*）

乐园维达鸟（*Vidua paradisaea*）

DARWIN CHARLES. The Descent of Man Selection in Relation to Sex (1st ed.). London:John Murray, 1871.

M ANDERSON, Sexual Selection. Prinction Univ Press, 1964.

对此，人们经常会问为什么

但是，目前还没有科学的方法来回答这个问题。从生物学或物理学的角度，我们可以回答"到

何种程度"或"以何种方式"的问题。长尾羽对针尾维达鸟（*Vidua macroura*）来说有什么好处？我们可以对此进行观察。我们不要问"长尾羽发展出来之前为什么不存在"这样的问题，而是要问"已经存在的长尾到底有什么作用"。这样的问题才能让我们提出有探讨价值的假设。因此，"以何种方式"的问题才是有启发性的好问题。

在求爱舞蹈中，雄性针尾维达鸟会舞动长长的尾羽来吸引雌鸟，雄鸟常在单

身的雌鸟面前表演这样的舞蹈。进一步的比较和观察表明，在选择交配伴侣时，雌鸟更喜欢选择那些尾羽长的雄鸟。这也可以通过实验来证明。在实验中，雄鸟的尾羽被人为地加长后，雄鸟对雌鸟的吸引力大大增加。

繁殖成功才是最重要的

正如达尔文的理论经常被误解的那样——假设演化导致了"适者生存"，那么一个设法成功繁殖并传递了自身基因的雄性在与其他雄性的竞争中无疑是赢得了胜利的"适者"。即使它的求偶装饰物需要消耗它大量的能量，并且这对它的日常生活来说相当不方便，但它仍然被视为"适者"，哪怕它的肌肉相对来说没有那么发达，以至于不得不经常躲避对手。最终在演化中起作用的只是成功繁殖。演化过程中所有的发展和改变都是为了实现这一最终目标。

飞行动物的交配

本页自上而下：白鹳、红隼、鸽子和麻雀。

对页：绿头鸭、狐蝠。

"演化的中间阶段"

所有的交配实例都可以看作是演化的中间阶段，因为它们为新的基因组合的产生铺平了道路。

二倍体和单倍体染色体组

图中的动物都是二倍体——拥有两个染色体组。然而，在它们的细胞进行减数分裂后，它们的卵细胞和精子都是单倍体——只携带一个染色体组。尽管交配有时看上去很野蛮，但这可以保证精子安全地进入雌性体内。然后，精子与卵细胞结合，从而形成二倍体染色体组。

与雌性动物体细胞的差异

受精卵现在均等地携带着来自父母的遗传信息。因此，后代与它的母亲和父亲均存在遗传上的差异。

雄性为争夺雌性而战

为了获得配偶进行繁殖，雄性之间争夺配偶的竞争尤其残酷。雄性之间经常会为了争夺雌性而直接面对面地战斗。本页上图中的乌鸫正在用它们的整个身体、喙和脚进行战斗。有些动物为此发展出来一些"武器"用来和其他雄性进行战斗，一决胜负。欧洲深山锹甲的雄虫长有巨大的带有分枝的上颚——就是那个看起来像鹿角的结构，它们用这个"武器"与对手战斗，把对手从雌虫身上赶走。然后，获胜者可以和雌虫交配。

像它们的祖先一样，家养的马也成群生活，马群或大或小，通常由一头成年公马带领。公马必须为自己的"老大"地位而战。养在户外的公马和母马通常是被分开养的，例如冰岛马，这是为了避免公马之间为了争夺母马而进行打斗。然而，在繁殖季节，公马会被放回到母马群中，这可能会引发激烈的战斗。这种战斗的生物学作用是确保母马与最健壮的公马交配，以增加它们后代的生存机会。

雄性野兔为了不让它们的对手接近等待交配的母兔，它们会像拳击手一样猛烈地攻击对手。母兔每年可产崽 3~4 次，从 2 月开始一直到秋天都能繁殖，一旦哺乳完毕，它们就会准备进行下一次交配。因此，公兔必须投入大量的精力，争取多次与母兔交配而成为父亲。

空中拦截

在交配的季节里，我们经常可以看到公鸭从其他公鸭后面飞着追赶上来并攻击它们。虽然这种情况在雁类中比较少见，但偶尔还是会发生这种行为，一旦发生同样也会很激烈，例如本页图中的灰雁（*Anser anser*）。在这组照片中，1号灰雁在2号灰雁的身后飞行，这两只灰雁可能都是雄雁。1号灰雁正在努力地驱赶2号灰雁，并且在空中赶上它，迫使2号灰雁降落。

2号灰雁看起来更弱小一些。2号灰雁可能从一开始就没有力气，因此它很快就放弃了争斗。在第三对图片中，2号灰雁的翅膀已经变成滑翔的姿势，而在第四对图中，2号灰雁开始转弯，向地面降落。"空战"就这样结束了。最后1号灰雁会绕飞一圈，再回到刚才它出发的地点，因为它已经达到了它的目的，便不再去追逐对手。任何多余的追赶都只会浪费精力。

筋疲力尽后的跌落

　　刚才的逃跑让 2 号灰雁筋疲力尽，它想要尽快落地。所以，它近乎垂直地高速冲向地面。由于巨大的冲力，在脚落地的一瞬间，它的整个身体向前倾斜。为了避免嘴部触地，它把翅膀伸向前方来支撑体重，以至于翅膀的大部分都重重地撞在地面上。

性二型

来自新几内亚的维多利亚凤冠鸠（*Goura victoria*）是一种地栖的鸠类，头上有一个羽冠。因为雌、雄鸟都有这样的羽冠，所以这不能作为性二型的例子。丰富多彩的性二型明显是性选择的结果，雄性之间对于雌性的竞争越激烈，性二型现象就越明显。

两性动物通常仅在交配时才生活在一起，有时也会共同养育后代。一旦完成繁殖任务，两性动物通常会分开生活。而有些动物，雌、雄性会终生在一起生活，形成一夫一妻的配偶关系。在这类动物中，通常雌、雄性看起来完全一样。维多利亚凤冠鸠就采取一夫一妻制，因此不存在性二型。

雌性争夺战

蓝孔雀（*Pavo cristatus*）是典型的一夫多妻制鸡形目鸟类，这就是它们的性二型特别明显的原因。雄孔雀要百般努力才能得到雌孔雀的青睐。为此，性选择促进了雄孔雀羽毛的过度发育，这是对雌性激烈竞争的结果。由于所有的雄性都参与对雌性的竞争，又因为雌性喜欢与尾屏羽毛最长和眼斑最大的雄性进行交配，这种性选择促进了雄孔雀尾屏羽毛的过度发育，直到自然选择为它设定最终的限制。五颜六色的长长的羽毛有利于吸引雌性，但不利于逃避天敌。（译者注：孔雀开屏时展开的长长的羽毛实际上是尾上的覆羽，其真正的尾羽其实很短。）

蓝孔雀如何飞上屋顶

垂直起飞的孔雀

在本页照片中，孔雀正欲振翅起飞，初级飞羽已经展开。孔雀必须飞起来才能完美地展现它的美丽羽毛。

指状飞羽能获得更大的升力

孔雀起飞时需要很大的升力，人们很容易提出这样的问题：它的每一根飞羽都像手指一样展开，它们是如何被气流包围和起作用的？这种像手指一样展开的飞羽结构，从流体力学的角度来说对于飞行特别有利。

延长的尾上覆羽

成年雄孔雀的尾屏很长，由大约150根羽毛组成，每根羽毛的顶端都有一个眼睛状的斑点。

性选择的典型例子

孔雀的例子非常清楚地表明，在性选择的作用下雄孔雀的尾巴演化得越来越长，以获得雌性的好感，但是一旦孔雀发现自己必须迅速逃离时，自然选择就会毫不留情地给它当头一棒，长长的尾巴使它在逃避天敌时行动相当困难。这最终限制了性选择发挥作用的限度。

鲜艳闪烁的颜色

孔雀闪闪发光的羽毛中其实没有色素。颜色是由羽小支上的微小气囊结构引起的光的折射造成的。

双蜓比翼，悬停飞行

血红赤蜻（*Sympetrum sanguineum*）

雄蜻蜓在前面飞

一只雄蜻蜓用它肛门处的抱握器紧紧扣住雌蜻蜓的脖子，然后它们的身体连在一起，共同飞行。交配就这样进行了，然后雌蜻蜓寻找一个合适的地方产卵。

雌蜻蜓被拖得筋疲力尽

为了产卵，有些种类的雌蜻蜓将腹部的末端浸入水中。而另一些种类则降落在草丛中，将卵产在叶子上。还有一些种类则潜入水下，在水生植物上产卵。后者通常会将还未放开它们的雄蜻蜓一块拖入水中。

柳绿宝石豆娘（*Chalcolestes viridis*）

"雄性护卫"避免精子竞争

交配虽然已经完成，但雄蜻蜓仍然紧紧抱住雌性不放，一直要等到雌蜻蜓产完卵才会放开它。这样做的目的是为了护卫自己的精子，因为其他雄性竞争对手可能会在雌蜻蜓产卵时，趁机来捕获它们，并将它们体内先前交配所获得的精子从身体中挤出去，然后与之重新交配（见第 104 页）。

美妙蜓（*Aeshna grandis*）

寄生虫

聪明的寄生虫

这些小寄生蝇 [本页图中的是普通球腹寄蝇（*Gymnosoma rotundatum*）] 是来自寄蝇科（Tachnidae）的成员，其体长不超过 8.8 毫米。交配后，雌虫将卵产在椿象的皮肤上。孵化的幼虫钻入宿主体内并冬眠。春季，成熟的幼虫从宿主体内钻出来，化蛹，再羽化为成虫。宿主昆虫在大多数情况下都能存活下来。（译者注：椿象是半翅目昆虫的通称。）

这对小寄生蝇在进行交配时仍然一起飞行。在交配后，雄蝇会长时间地骑在雌蝇身上，确保其精子与雌蝇将要产下的卵结合。

避免精子竞争

如果一只雌虫与一只雄虫刚刚完成交配，进入雌虫体内的精子有可能会被另外一只雄虫去除掉，然后这只雄虫再产下自己的精子以取代先前雄虫的精子，这称为精子竞争。因此，在性选择过程中，一些动物会表现出防止其他个体的精子竞争的行为（见第 102 页）。

ROBERT L, SMITH. Sperm Competition and the Evolutio Animal Mating Systems. Academic Press, 2012.
SIMMONS L W. Sperm Competition and its Evolutionary Consequences in the Insects. Princton Univ. press, 2001.

咄咄逼人的领域行为

用危险的尾刺来保卫领域

袖黄斑蜂（*Anthidium manicatum*）是一种独居蜂类。雄蜂腹部末端有 5 个尾刺，用于保卫交配场所和驱赶食物竞争者。它们的领域之内通常长有许多它们青睐的开花植物。雄性袖黄斑蜂在自己的领域内时而悬停，时而飞行巡逻，赶走其他的食物竞争者（例如蜜蜂、熊蜂以及其他同种雄蜂）以保卫自己的花朵。在接近敌人时它们会将腹部向前弯曲，以便将尾刺指向前方。然而，在这个过程中，好斗的它们有时也会弄伤自己脆弱的翅膀。

最喜欢的花总是"留给"雌蜂

当雌性袖黄斑蜂在进入雄蜂的领域里采集花粉和花蜜时，雄蜂很会把握时机，当雌蜂在它最喜欢的花朵上采蜜时，雄蜂便会迅速接近它，并与之进行交配（见本页右下图）。最成功的雄蜂会用这种策略吸引更多的雌蜂。

LAMPERT K P, et al. 'Late' male sperm precedence in polyandrous wool-carder bees and the evolution of male resource defence in Hymenoptera. Animal behaviour, 2014, 90: 211-217.

雌雄动物之间的通信

雄蝶：鲜艳的颜色信号

除了鲜黄的色彩外，雄性山黄蝶（*Gonepteryx cleopatra*）的前翅上面还有一个很大的橙色斑块，这与生活在阿尔卑斯山以北的钩粉蝶（*Gonepteryx rhamni*）明显不同。这个橙色斑块能够反射紫外光，可以作为吸引雌性的光信号。

雌蝶：用它们的肢体语言表示"冷落"

本页图中这只雄蝶在雌蝶面前表演求偶飞行，并极力地展示它翅膀上鲜艳的橙色斑块。如果雌蝶接受交配，它就会降低腹部。图中的雌蝶落在贞洁树（*Vitex agnuscastus*）的花朵上，腹部高高地抬起，这意味着对雄蝶的拒绝。

蝴蝶的冬眠

山黄蝶和作者所在地区特有的钩粉蝶一样，也在南方过冬，然后在早春时节再次出现，以便在鼠李树上产卵。它们的幼虫以鼠李树的树叶为食，下一代的蝴蝶会在 6 月出现。

越有毒越健康

再谈性选择

以上的这个例子再一次表明了性选择是怎样影响雄性动物的行为模式的。雌性可以由此间接衡量雄性作为父亲的繁殖潜力。产生的信息素越多，表明雄性越健康。

交配、毒素和蝴蝶

在热带地区，人们可以观察到帝王蝶的一种有趣的求偶行为。为了打动雌蝶，雄蝶必须收集受伤植物渗出的有毒物质。这些有毒物质通常是一种生物碱，雄蝶可以用它来产生信息素。在求偶过程中，雄蝶腹部末端可以向外翻出一个刷子状的器官，称之为味刷，雄蝶通过它将信息素传递到雌蝶的触角上。本页图中所示的是大白斑蝶（*Idea leuconoe*），在它腹部末端我们可以清楚地看到两个外翻的味刷。雄蝶产生的信息素越多，获得交配的机会就越多。

BOPPRÉ M. Sex, drugs, and butterflies. Natural History, 1994, 113: 26 - 33.
BOPPRÉ M. Leaf-scratching - a specialized behaviour of danaine butterflies for gathering secondary plant substances. Oecologia(Berl), 1983, 59: 414 - 416.

蜂兰——有性植物

西班牙东部的马略卡岛上有一种蜜蜂——巴利阿里条蜂（*Anthophora balearica*），它们总被一种叫作蜂兰（*Ophrys dyris*）的植物的花所欺骗。蜜蜂腹部沾满了花粉。

每个物种都有自己的特殊香味——性信息素

在大多数昆虫的交配过程中，雌虫会通过特殊的香味来吸引雄虫从远处前来交配，这种香味就是性信息素。每一种昆虫都有自己独特的性信息素，雄虫只对同种雌虫释放的性信息素做出反应，这能防止不同物种间的交配。

哪只雄虫先到达雌虫身边

在有些蜂类的整个生命周期中，雄蜂整天都在寻找雌蜂散发出来的信息素，以便进行交配。一旦雄蜂闻到了同种雌蜂的气味，它就会跟随气味一路追踪。当到达雌蜂附近的时候，它就会通过视觉来准确地确定雌蜂的位置。

然而，其他的雄蜂也会发现同一只雌蜂，那就要看哪个雄蜂最先到达到雌蜂身边。这就导致明显的性选择，从而影响与交配竞赛有关的感觉器官，因为嗅觉和视觉能力发达的雄性更有可能成为优胜者，并获得交配的机会。

兰花：模仿雌性昆虫的气味和外表

有一些种类的兰花 [如地中海地区的蜂兰属（*Ophrys*）] 的花朵在演化的过程中发生了神奇的变化。它们不仅可以模仿雌性昆虫的性信息素的气味，还可以模仿雌虫的外表，以便吸引那些正在寻找雌性昆虫的雄虫。

兰花用诡计诱骗雄蜂 "拟交配"

雄蜂被兰花的诡计欺骗了，它们循着兰花发出的气味一路找来，落在模仿雌蜂样子的兰花瓣上（这个花瓣叫唇瓣），并试图与之交配。这种行为被称为拟交配。（译者注：兰花瓣像雌蜂，这种现象在生物学上称为拟态。）

接触花粉不可避免

为了吸引雄蜂的到来，兰花的花瓣在大小、颜色、形状等方面都在全方位地模仿雌蜂，甚至能模仿雌蜂身上的绒毛，因此，兰花能欺骗雄蜂在花朵上停留足够长的时间，以至于雄蜂从头到尾全身都沾满了花粉。

所有的花粉都沾在昆虫身上

为了让花粉从一朵花传播到另一朵花，兰花已经发展出了一种特别复杂的设计。它们所有的

PAULUS H F, GACK C. Pollinators as prepollinating isolation factors: Evolution and speciation in Ophrys (Orchidaceae). Israel J. Botany, 1990, 39: 43 - 79.

PAULUS H F. Wie Insekten-Mannchen von Orchideenbliiten getauscht werden - Bestaubungstricks und Evolution in der mediterranen Ragwurzgattung Ophrys. Evolution - Phano men Leben, Denisia (Linz), 2009, 20: 255 - 294 .

AYSSE M, SCHIESTL F P, PAULUS H F, et al. Pollinator attraction in a sexually deceptive orchid by means of unconventional chemicals. Proc. Roy. Soc. London, 2003, 270: 517 - 522.

花粉都被压缩进一个所谓的花粉块里。一旦与昆虫接触，整个花粉块就会沾在昆虫的身上（见对页图）。

嗅觉信号"非常重要"

对蜂兰属兰花的香味和昆虫的性信息素进行详细的对比研究，结果表明，兰花能完美地模仿昆虫的性信息素。这种模仿能力相当惊人，昆虫的性信息素是由12~20种成分组成的混合物。从视觉上来看，蜂兰属兰花模仿蜂类的逼真程度同样令人震惊，这就是它们被叫作蜂兰的原因。

每一种蜂兰都拥有自己的传粉者

研究也表明，每一种蜂兰都有自己的传粉者，这使它们可以和其他种类的蜂兰区别开来。这可以归因于它们模仿了不同昆虫的性信息素。正如之前所讨论的，每一种昆虫都有自己独特的性信息素。

昆虫身上花粉块的释放

受骗的雄蜂（见对页图）身上沾满了花粉，再次被其他花朵引诱进行"拟交配"时，它们就会把花粉传播到其他花上去，从而为兰花授粉。

模仿蜜蜂的体毛

蜂兰的另一个诀窍在于，它不仅能把雄蜂吸引过来，而且能让雄蜂按照花朵的需要，要么把头部伸进花朵内，要么把尾部靠近花朵进行交配。为了达到这个目的，这些兰花的唇瓣上生长出许多细长的毛，这些细毛的生长方向或者从前到后，或者从后向前，它们就这样模仿了蜜蜂体毛的生长模式。

雄蜂在花上调转方向

雄蜂落在蜂兰上以后，会立即感觉到花上细毛的生长方向，并相应地调转自己的方向。这就像它们在雌蜂身体上所做的一样，雄蜂会通过触觉来感受雌蜂体毛的生长方向，以此来判断哪边是雌蜂的头部，哪边是尾部。这样的结果是，有些种类的蜂兰吸引雄蜂倒退着身体来进行交配，这些兰花的花粉通常沾在昆虫的尾部；而有些种类的蜂兰吸引雄蜂的头部先进入花朵，这样花粉便沾在昆虫的头部（见本页左下图）。

马略卡岛上的雄性纤毛土蜂（*Dasyscolia ciliata*）正在与角蜂兰（*Ophrys speculum*）进行拟交配。

克里特岛上的沙蜂（*Andrena variabilis*）正在与褐花蜂兰（*Ophrys kedra*）进行拟交配。

壮观的空中特技飞行

空战

猛禽之间的空战是相当常见的。它们通常只是装装样子或只进行短暂的打斗，但它们仍然会做出很多壮观的空中特技，例如倒飞、急转弯、侧滑以及急速螺旋式俯冲。

求爱飞行

这组图片中的两只普通鵟很可能是在交配（雄鸟和雌鸟只是大小不同，而外观上看起来没有差异）。在这样的求爱飞行中，两只普通鵟通常会勾住彼此的爪子。如果它们不能及时分开，就有可能会摔到地上，就像本页图中展示的一样。

这种求偶仪式也见于白头海雕。

普通鵟（*Buteo buteo*）

棕尾鵟（*Buteo rufinus*）

"加速机"

野鸡

　　康拉德·洛伦兹曾经形容野鸡是典型的"加速机"。也就是说，野鸡不能进行长时间的高速飞行，但是它们可以快速地加速。起飞后，野鸡很快就达到了"最高速度"，因此它们能够逃过许多危险的情况。特别值得注意的是，它们的初级飞羽展开后像扇子一样。本页上图居中的照片展示出，野鸡的翅膀极度扭曲，这有助于产生推力。（译者注：康拉德·洛伦兹是著名的动物心理学家，也是动物行为学的开创者，因在动物行为学上的贡献，他获得了 1973 年的诺贝尔生理学或医学奖。印痕行为就是由他发现的。）

公鸡

　　公鸡的飞行行为和野鸡差不多一样，公鸡这样做通常是为了在对手面前显示它的"霸权"地位，而不是为了迅速逃脱。左图中的公鸡挥舞着翅膀，飞到了 3 米高的谷仓的屋顶上。

天生好斗

　　对页展示的是一场斗鸡的场景，这种场景说明公鸡天性好斗。如果两只公鸡被放在一起进行斗鸡，结果通常会以其中一只的死亡而告终。中国有关于斗鸡的最早记录，可以追溯到公元前 517 年，这种斗鸡活动可能导致了家鸡的驯化。今天，虽然全球几乎所有国家都禁止斗鸡活动，但是斗鸡在菲律宾仍然是一项流行的"运动"。公鸡的跖骨上长有尖锐的刺（也称"距"）。老公鸡的距很长，而且力量很大。如果斗败的公鸡无法逃脱，这种搏斗则可能会是致命的。例如，在斗鸡场中进行的斗鸡就是这样的。

攻击行为

好斗的疣鼻天鹅

对游泳的人来说，千万不要轻视疣鼻天鹅（*Cygnus olor*）的危险性，因为它们可能会扑到游泳者身上，并把他们往水下推。在求偶时，或者当它们感觉自己的幼鸟受到威胁时，疣鼻天鹅会奋力地扇动翅膀以获得起飞的速度，翅膀拍打着水面，发出"啪啪"的响声，然后它们在浪花四溅中飞起来。此外，它们还会通过这种方式赶走那些实际上对它们来说没有危险的体形很小的"敌人"，比如绿头鸭。这些绿头鸭通常会飞到离疣鼻天鹅不远的地方再落下来。在本页左下图中，一只雄性绿头鸭正展开翅膀像降落伞一样降落。疣鼻天鹅是具有飞行能力的最重的鸟类之一，这可以从它们笨重的起飞过程中看出来。

疣鼻天鹅强有力的振翅起飞

在对页下图中，疣鼻天鹅在起飞振翅的过程中，翅膀触及到了水面并激起了水流。它们翅膀下表面的驻点一定位于较靠后的位置上，因为翼下覆羽是向前下方展开的，这在动物的飞行中并不常见。这告诉我们，气流一定是从下表面产生的，然后沿着翅膀的前缘流向上表面。在这个时刻，下表面上产生的压力远远大于上表面的压力。（译者注：在机翼上，驻点是指气流与翼前缘相遇的地方。在驻点处气流开始分为上下两股。对于上下弧面不对称的翼表面来说，驻点通常在翼剖面的下表面。）

捕食和飞行课

本页下图：一只红隼妈妈将一只田鼠带回巢穴，然后又飞走了。一周后（见对页左图），幼鸟已经长大，它们在外形上几乎和母亲没有差别。现在，妈妈必须教它们如何飞行和捕食了。

对页右图：红隼喜欢落在电线上。这个位置可以让它们从高处发现猎物，而且可以很轻松地起飞进行捕猎。有时，它们需要让自己自由下落，以便加快速度。

在对页右下图中，红隼正在进行主动飞行。图中张开的翅膀大大地增加了鸟体的表面积。

全球变暖（1）

主动扩散或人为引进

长达 8 厘米的欧洲螳螂（*Mantis religiosa*）实际上是地中海地区的动物。在中欧，这种喜温物种以前只在德国西南部和奥地利东部出现。然而，在过去的 10~15 年间，这个物种已经广泛扩散。从奥地利东部开始，欧洲螳螂已经沿着多瑙河河谷向西部扩散，人们甚至可以在多

欧洲螳螂（*Mantis religiosa*）

瑙河两岸的山谷中发现它们。在德国，现在它们已经在巴登-符腾堡州、莱茵兰-普法尔茨州和萨尔州等许多地区形成了稳定的种群。最近几年，人们在巴伐利亚州、萨克森州、萨克森-安哈尔特州甚至柏林都发现了这种螳螂。该物种主要生活在干燥的斜坡上，即使在最近才出现的那些地方也是如此。很难判断这个物种的扩张是它们主动扩散的结果，还是人为的引进造成的。然而，这个物种能够在这些新进入的地区生存下来并形成稳定的种群可能与全球变暖有关。

雌性欧洲螳螂不会吃掉雄性螳螂！

在夏末，雌性欧洲螳螂会找一个安全的地方产下褐色的卵，之后死去。冬眠后，幼虫在次年 4 月和 5 月开始孵化，并在整个夏天不断地蜕皮，成长为成年螳螂。作为伏击型捕食者，它们在草丛中坐等昆虫，一旦昆虫进入到它们利爪的攻击范围内，它们就会果断出击。雌性与雄性在夏季进行交配。与人们普遍认为的情况不同，雌性欧洲螳螂通常不会在交配以后吃掉雄性螳螂。

蜜蜂不冬眠

对页中的意大利蜜蜂（*Apis mellifera*）和荨麻蛱蝶（*Aglais urticae*）的照片是在 12 月末拍摄的。这只蜜蜂的花粉筐中几乎没有花粉，却闪闪发亮，这说明它所采的花朵有大量的花蜜，但花粉很少。意大利蜜蜂不冬眠，当第一次霜冻来临时，它们在蜂王周围形成了一个"越冬群"。最外层的蜜蜂通过肌肉振动产生热量。蜜蜂在夏秋季节采集食物并将其储存在蜂巢中，这些食物为这种越冬方式提供了足够的能量。采用这种方式，蜜蜂至少能将蜂群内部的温度保持在室温。

当室外温度上升到 12 摄氏度以上时

春天，当温度上升到 12 摄氏度以上时，意大利蜜蜂要飞出蜂巢一次，以清空它们的肠道，然后返回来，重新围成一群。在这样温暖的日子里，那些躲藏在安全之处越冬的蝴蝶也开始飞出来活动了，例如荨麻蛱蝶和孔雀蛱蝶。正是它们让我们在第一时间瞥见了春天的影子。

圣诞节前后的蜜蜂和蝴蝶

荨麻蛱蝶（*Aglais urticae*）

意大利蜜蜂（*Apis mellifera*）

再创"有记录以来最温暖的月份"

2015 年 12 月，是到本书出版有记录以来最温暖的月份，本页中的照片是当时在维也纳的一个露台上拍摄的。动物和植物会对气温的上升立即做出反应，但它们可能会遭受倒春寒的袭击。

全球变暖（2）

全球变暖对动物的影响

几十年来，全球气候一直在发生变化，对人类、植物和动物都造成了严重影响。一个典型的例子是，北极熊由于北极海冰的融化而正在失去自然栖息地。为了捕获猎物，北极熊不得不在冰冻的水面上不停地迁徙。气温上升两摄氏度就会大大加速格陵兰冰盖的融化。

按蚊

疟原虫是一类原生动物，可以引起疟疾。疟原虫寄生在按蚊的肠道内，当按蚊吸食人血时，它们就将疟原虫传播到了人类身上。寄生虫一般需要较高的温度来完成其生命周期。目前，欧洲没有感染疟原虫的蚊子，但这种情况可能会随着全球变暖的影响而发生改变。

本页下图所示的蚊子属于伊蚊属。这个属的蚊子在热带地区很常见，它们是登革热、黄热病、乙型脑炎、基孔肯雅热和西尼罗河热等许多病原体的携带者和传播者。最近有两种伊蚊被带到了中欧：白纹伊蚊（*Aedes albopictus*）和日本伊蚊（*Aedes japonicus*）。最初这些物种是通过国际运输被带进来的，这些物种的发展又可能与气候变化有关。温度的升高会促进这些致病原生动物的发育，并增加疾病的传播风险。

蜱及其传播的疾病

由于全球变暖，蜱正在向更北和海拔更高的地区扩散，在暖冬时它们仍然保持活动状态，这加速了它们的生命周期，导致种群密度增加。

近年来，由蜱引起的脑炎和莱姆病的感染率显著增加，这也与小型森林啮齿动物的存活率升高有关，因为它们是这些病原生物的自然宿主。

亚洲伊蚊（*Aedes*）

干旱导致森林和草原火灾

全球变暖加剧了南欧夏季的干旱，进而导致森林火灾的发生率急剧上升。在中欧，夏季的干旱也明显增加，初冬时发生了多次森林火灾。预计今后中欧的夏季会更加炎热和干燥。

即使能飞走，但依然充满危险

只有具备飞行能力的动物才有机会逃过森林大火的致命伤害，而运动能力较弱的动物通常是第一批受害者（如幼虫阶段的昆虫）。只有那些能快速飞走或是将自己深埋在地下的动物才能在这样的大火中幸存下来。然而，即使那些可以飞行逃跑的鸟类也可能会沦为捕食者的猎物，尤其是有些捕食性鸟类会聚集在火源前面等待它们的猎物。

盘根错节的因果循环，其后果难以预测

因此，人们很容易想到草原火灾的增加会影响昆虫的数量，并影响它们的繁殖成功率，火灾与全球变暖的影响有直接关系。这可能会导致气候变化与动物之间出现新的和不可预测的相互作用。

第 5 章　昆虫——最早征服天空的飞行动物

利用每一个生态位

　　昆虫是无脊椎动物中最成功的类群。大多数昆虫具有一定的飞行能力。事实证明，飞行能力给昆虫的演化带来了巨大的优势，它们的演化迅速而持续地进行着，以至于像非洲巨大花潜金龟和锹甲等巨型昆虫也具有飞行能力。

昆虫飞行的演化

斑衣鱼（*Thermobia domestica*）

为什么昆虫能如此成功

在无脊椎动物中，如果以物种数量来衡量的话，昆虫因其庞大的种类数被认为是最成功的典范。在全世界，昆虫的物种数估计超过了 1 000 万种。与约 5 600 种哺乳动物或 10 000~12 000 种鸟类相比，这无疑是一个巨大的数字。因此，人们不禁要问，是什么原因使昆虫获得了如此成功？一方面，昆虫是一个非常古老的群体，自距今 4.43 亿 ~ 4.19 亿年的志留纪以来，昆虫经历了相当漫长的演化时间。另一方面，除了海洋以外，它们成功地扩散到了各种环境中。昆虫的出现开启了无脊椎动物对陆地的广泛征服，第一批植物的出现为生命的繁盛和演化创造了无穷的可能性。

历经 4 亿多年演化的昆虫

最早的原始昆虫化石可以追溯到泥盆纪早期，距今大约 4.1 亿年。这种昆虫叫莱尼虫（*Rhyniognatha hirsti*），它们属于无翅亚纲弹尾目，弹尾目昆虫通称跳虫，一直生存至今。由于这些化石昆虫已经呈现出很多现生弹尾目昆虫的特征，因此可以推断，原始昆虫实际出现的时间可能还要更早。

无翅类昆虫

现存的无翅类昆虫包括前面提到的跳虫（弹尾目）、生活在土壤深处的微小的原尾虫（原尾目）以及腹部末端具有一对尾铗、体长可达 5 厘米的铗尾虫（双尾目）。这 3 个目的昆虫的明显特征在于，它们的口器几乎完全被头部包围，只露出微小的末端。因此，这 3 个目也被称为内口类。其他的无翅类昆虫还有石蛃（bǐng）（石蛃目）和衣鱼（衣鱼目）。

用尾须跳跃

石蛃目和衣鱼目昆虫腹部的末端都有 3 条长尾须。一方面，尾须是身体后端的触须；另一方面，昆虫利用尾须和腹部将自己弹向空中，然后平稳落地。这种飞行机制经常见于石蛃。衣鱼在地面的缝隙中、树皮下、石头下，甚至在我们的公寓和房屋的裂缝中生活。它们在本书中特别重要，因为它们是说明昆虫翅膀演化的一般原理的重要模型。

通往成功的第一步

与无翅亚纲的昆虫相比，有翅昆虫（有翅亚纲）高度分化，种类繁多。实际上，从系统发生的角度来说，衣鱼目与有翅类昆虫的亲缘关系要比其与石蛃目的亲缘关系更近，衣鱼目与有翅类昆虫之间具有一定的相似之处，依据是衣鱼已经演化出了双关节的上颚。也就是

跳虫（弹尾目，Collembola）

说，它们的上颚有两个关节与头部连接，而它们祖先的上颚只有一个关节与头部相连。这就是单髁（kē）亚纲（Monocondylia）和双髁亚纲（Dicondylia）的区别。双髁亚纲包括衣鱼和有翅亚纲的所有昆虫。这些双关节的上颚在功能上更适合咀嚼坚硬的食物。这种口器结构的出现无疑对昆虫在演化上的巨大成功做出了贡献。

超过 99% 的昆虫会飞

现存的无翅昆虫有 1 万种左右，但与其他大量现代昆虫相比，这个数量很小。实际上，昆虫在演化上的成功可以归因于翅膀的出现，借此它们才征服了天空。这一大类昆虫被称为有翅昆虫（有翅亚纲）。而无翅亚纲包含了所有的原始的没有翅膀的昆虫。

迫切需要化石证据

与鸟类和蝙蝠等其他飞行动物一样，昆虫翅膀的起源和飞行能力演化等问题也常常引起人们的好奇。在试图回答这个问题时，现存昆虫物种之间过渡形态的缺乏，给这个问题的解答带来了困难。所以人们必须借助化石来了解昆虫飞行的起源。人们也可以采用某些方法对现存昆虫系统进行研究，从而得出一些关于昆虫翅膀起源和发展的结论。

所有会飞的昆虫都有一个共同的祖先

在昆虫的演化与起源方面，许多形态学和分子遗传学的研究已经取得了一些成果。一个由 98 位科学家组成的国际团队最近发表了一篇关于昆虫系统发育的研究论文，该论文得出的结论广受好评。在这项工作中，他们开展了与昆虫系统发育有关的基因组学研究。研究发现，有翅亚纲的所有昆虫都来自一个共同的祖先。这意味着昆虫翅膀的出现是单一起源事件，而这一事件发生于距今 3.5 亿~3.0 亿年间的石炭纪。

翼展达 70 厘米的巨型蜻蜓"突然出现"

在昆虫演化的早期阶段——从晚志留世至早石炭世保留下来的化石非常少。然而，很多证据表明昆虫演化可以追溯到石炭纪。例如，我们知道那时存在的巨型蜻蜓的翼展达 72 厘米。发现于北美的早二叠纪地层中的二叠拟巨脉蜓（*Meganeuropsis permiana*）化石和法国的石炭纪中的巨脉蜻蜓（*Meganeura monyi*）化石，是到本书出版为止发现的最大的昆虫化石，化石中两种蜻蜓的翼展分别是 72 厘米和 70 厘米。这些昆虫巨大的身体是由于当时的空气中升高的氧气含量造成的。像现在的蜻蜓一样，这些巨型蜻蜓可能也是贪婪的空中掠食者。因此，可以推断，那时已经存在可以作为它们的猎物的各种各样的飞行昆虫了。

MISOF B, et al. Phylogenomics resolves the timing and pattern of insect evolution. Science, 2014, 346(6210): 763-767.

昆虫体形的大小

A）蜻蜓目——有翅昆虫中比较原始的一个目

蜻蜓拥有前后两对翅膀，其前翅和后翅的大小和形状相似。每个翅膀都由产生举翅和降翅的飞行肌肉直接控制。来自中枢神经系统的信号，在指挥前翅向下运动（下冲）的同时，也在指挥后翅向上运动（上冲）。翅膀的振动频率约为20赫兹。这种中枢神经系统对翅膀的直接控制使蜻蜓在飞行中的动作非常敏捷，尽管它们的神经系统非常原始——神经系统早在石炭纪它们巨大的祖先中就已经出现。

B）直翅目——昆虫中较高等的一个目

螽斯是直翅目昆虫中体形相对较小的一类昆虫。前翅坚硬，折叠于体侧，起保护作用；后翅呈扇状。除了具有驱动翅膀飞行的直接肌肉，它们还拥有间接肌肉来控制前翅的姿态和位置。较小种类昆虫的振翅频率可以达到40赫兹。由于翅膀形态和肌肉系统对振翅运动的精细调节，这些动物也可以相当敏捷。（译者注：直翅目昆虫包括蝗虫，螽斯，蟋蟀，蝼蛄。）

原始昆虫，较高等昆虫，最高等昆虫

下面，我们将比较一下原始昆虫（蜻蜓，蜻蜓目）、较高等昆虫（直翅目昆虫，直翅目）和最高等昆虫（两个翅膀的昆虫，双翅目）。

有趣的比较结果

• 随着昆虫从低等向高等发展，它们的身体大小和翅膀的长度都会变小。

• 前翅和后翅之间的差别变得更加明显。

• 振翅频率变高。

• 翅的运动方式由直接驱动向间接驱动过渡。

• 用于飞行的肌肉系统被分成两个独立的系统，分别负责翅的驱动和转向。

C）双翅目——昆虫中最高等的一个目

在双翅目昆虫（即各种苍蝇和蚊子）中，只有前翅起飞行作用，后翅已经演化成没有空气动力功能的平衡棒，只能作为飞行稳定性的测量器官。最大的种类的翼展只有几厘米，小的种类的翼展只有几毫米。它们翅膀的振动频率范围变化

振翅肌

很大，体形较大的大蚊（大蚊科）的振翅频率为 50 赫兹，体形中等的苍蝇和蜜蜂为 150~250 赫兹，体形微小的蕈（xùn）蚊（蚊蚋科）超过 1 000 赫兹。

间接翼驱动的必要性

根据物理学原理，小型昆虫需要极高的振翅频率。如此高的振翅频率，靠直接肌肉控制系统是无法实现的。因此演化促进了间接系统的发展。附着在它们胸部的强大飞行肌肉是纤维状的。肌肉是这样协调配合的：翅膀每次运动时，胸部都会同时发生扩张和收缩（这可能是由于共振作用造成的），因此胸部发生了高频振动。附着在胸部两侧的翅膀在这个过程中被间接地驱动——左右两边以相同的节奏被抬起或放下。

根据"木勺原理"发生的基本振动

你可以想象有 个锅，锅上面盖着一个锅盖，锅盖轻微地上下振动。如果两个木勺分别被夹在锅和锅盖两侧的边缘，勺子就会随着锅盖的运动而上下摆动。这就是基本振动的产生方式。

只有精细的肌肉系统才能进行的精细控制

对翅膀的精细控制是通过一套非常特殊和精细的肌肉系统来实现的，这些肌肉大部分附着在翅膀的基部。负责振翅的肌肉（相当于发动机）和负责飞行方向的肌肉（相当于导航系统）是完全分开的：一个为飞行提供强劲的动力，另一个为飞行提供灵活而精准的导航。

神经冲动与飞行肌肉的收缩不同步

这种昆虫的飞行肌肉的振动速度快于神经信号的传递速度。它们对肌肉的控制属于神经源性控制，或称非同步控制。在这种控制中，肌肉

收缩与神经冲动不同步，即神经冲动一次，肌肉收缩 4~5 次。这种方式可以保持肌肉的快速振动，不同于肌源性控制和同步控制。（在肌源性控制和同步控制中，神经冲动和肌肉收缩是同步的）。这个例子说明，生物的形态和功能相互适应，同时生理需要与演化发展也会相互作用和影响。

食物运输

本页图中这只膜翅目的普通胡蜂正在搬运食物，它把一块肉叼在身体前面，有时也用前腿来协助叼住食物。为了防止因头重尾轻而向前翻倒，它必须用力将头部抬起来，这需要它通过对翅膀运动的特别调节来完成。

普通胡蜂（*Vespula vulgaris*）

运输技巧分析

我们来仔细观察一下叼着食物起飞的胡蜂（本页左边的照片）。

展开后翅

最初，胡蜂还在地面上。照片显示，它的翅膀先向上挥动一次，随后向下挥动一次，紧跟着又向上挥动一次。这些照片的拍照速度为 500 帧 / 秒。图 1 中的阴影表明，胡蜂的后翅稍微与前翅分离。气流从前后翅之间的缝隙处穿过，流经较小的后翅的上部，这避免了因气流崩溃而产生湍流。这与飞机机翼后缘的襟翼相类似，有助于产生起飞所需的升力。

合拢 – 打开

第二种有助于产生升力的飞行方式可以在第 3 张图中看到。它的翅膀挥动到背部上方时几乎合拢，这种"合拢-打开"方式有助于获得升力，这种方式也见于蝴蝶的飞行。这块肉的质量可能超过胡蜂自身体重的一半，接近昆虫飞行时所能携带的最大质量。因此，胡蜂搬运这么重的食物需要很大的升力。

胡蜂是一种保护意识很强的动物。这只胡蜂找到了一块肉，它张开腿，准备降落，然后用力咬紧食物。当胡蜂嗅到自己巢穴的气味时，它就会恢复到平静的状态。

负重的极限

携带尽量多的食物

本页的照片中所示的是一只黑色的蜘蛛蜂，它刚刚捕获一只跳蛛。蜘蛛蜂通常向后倒退着将被麻醉的蜘蛛带回巢穴，任何障碍都阻挡不了它们回巢的脚步。这个过程需要花费蜘蛛蜂很多时间，并且可能需要它一次又一次地绕过障碍物，不断地尝试找到新的路线，最终到达它们的目的地。毫无疑问，蜘蛛的体重远远超过它的捕食者——蜘蛛蜂的体重。

尽量选距离最短的路线飞行

本页左下角的这张照片显示，当蜘蛛蜂叼着猎物在垂直的墙面向上爬行时，它也可以利用翅膀，尽量将蜘蛛"抬起"。蜘蛛蜂甚至可以携带猎物飞行，如本页左侧上角的照片所示，这张照片是在蜘蛛蜂刚起飞后拍摄的。蜘蛛蜂以几乎垂直的角度直立飞行，它的翅膀在水平方向的平面上挥动。蜘蛛蜂叼住蜘蛛的腹部，以使蜘蛛的重心保持在升力的正下方。因此，蜘蛛蜂在搬运食物时，保持身体的稳定可能并不困难，但是说到力量，它就有问题了。

运输食物需要蜘蛛蜂使出它们全部的力量，即使这样它们也只能勉强搬动猎物。这很容易看出来，因为携带食物时它们只能飞行很短的时间，每次奋力跃起后，只能飞行很短的距离。在它们的跳跃飞行中，蜘蛛蜂必须经常返回地面休息。

甚至可以听到它们飞行的声音

蜘蛛蜂在飞行时发出的声音很刺耳，这意味着部分气流已经在它们翅膀的上表面形成了乱流。因此，蜘蛛蜂的运输飞行能力已经达到了极限，这是演化只能勉强达到的极限。

将食物运到地面的洞巢中

在对页图中，掘土蜂用它的毒刺麻痹了一只蚤斯，从而控制了它。为了把它带到事先挖好的洞里，这只掘土蜂大约要飞行半米的距离。掘土蜂咬住蚤斯的颈部，然后把它拖到洞里，并在这个洞里产下自己的卵。在那里，蚤斯最终会成为掘土蜂幼虫的食物。

蜘蛛蜂（*Auplopus carbonarius*）

掘土蜂（*Sphex haemorrhoidalis*）

最受欢迎的昆虫

蜜蜂在许多方面都很有名

蜜蜂（*Apis mellifera*）是一种具有复杂行为模式的社会性昆虫。蜜蜂会利用"舞蹈语言"与同伴交流，它们会在蜂巢和食源之间频繁飞行。它们的出名之处还不仅仅于此，它们采集食物的行为同样也令人惊奇。蜜蜂将花蜜和花粉带回蜂巢喂食幼蜂。

满载运输

蜜蜂携带的花粉的质量可以达到其自身体重的35%，一般相当于15~20毫克。此外，它们还可以将花蜜储存在蜜胃里。在离开蜂巢时，蜜蜂必须计算出途中所需要消耗的"燃料"（蜂蜜）的量，以便能满载花粉回到蜂巢。当蜜蜂采集花粉后返回蜂巢时，它们便会计算出到达花朵的途中所消耗的能量。

带计时器的能量计量器

蜜蜂能以惊人的精度测量它们的潜在能量消耗。它们的计算不仅基于距离的测量，而且它们的大脑中具有一种能计时的能量计量器。

意大利蜜蜂（*Apis mellifera*）

实验表明，蜜蜂能计算出它们已经飞行的距离以及它们搜索食物的效率，并且可以通过不同的方式将各自的结果传递给同伴，其中的一种方式就是它们的舞蹈语言。

CRAILSHEIM K. Intestinal transport of sugars in the honeybee (Apis mellifera L.). J. Insect physiol, 1988, 34: 839 - 845.

SHAFIR S, BARRON A B. Optic flow informs distance but not profitability for honeybees. Proc. Royal Soc. B Biol, scci, 2009, 277(1685): 1241 - 1245.

KREMER F. Zur Steuerung der Abflugmagenfiillung bei der Honigbiene (Apis mellifera). Zoo. Jb. Physiol, 1981, 85: 249 - 265.

KHARANO K, SASAKI M. Adjustment of honey load by honeybee pollen foragers departing from the hive:the effect of pollen load size. Insectes Sociaux, 2015, 62(4): 497 - 505.

花粉是如何被给到幼蜂的

花蜜是通过蜜蜂管状的舌头被吮吸进入蜜胃的，而花粉则被蜜蜂从花的雄蕊上刷到身上，再由蜜蜂用前腿收集后传给中腿，中腿再传给后腿。蜜蜂用花蜜将花粉粘在一起放进后腿的花粉筐里。为此，蜜蜂要用到一个特殊的"武器"，这就是花粉刷。这是长在后腿的第一关节内侧表面上的一个刷状结构，它可以将沾在腹部的花粉收集起来。

"装满花粉筐"的复杂过程

花粉的收集过程类似于人洗手的过程——一只手的手指与另一只手的手指交叉互搓。当蜜蜂从一朵花上离开时，我们就可以从蜜蜂的后面观察到这个动作。蜜蜂一侧后腿的"刺"与另一条后腿的"刺"互相刷擦，把花粉粒从对侧的腿上一颗接一颗地推到花粉筐里，直到花粉筐被装满。将花粉放入花粉筐之前，蜜蜂会将花粉与蜜胃中的蜂蜜混合，以使花粉粘在一起。满载花粉的蜜蜂看起来就像穿了一条肥大的裤子。这两个"花粉裤子"的质量至少可以达到蜜蜂体重的 1/5，因此，蜜蜂飞回蜂巢需要更高的代谢能，约为 40 毫瓦每克体重。

NACHTIGALL W, FELLER P, JUNGMANN R, et al. Measurements of the metabolic power of the honeybee (Apis mellifera L.) during tethered flight. Biona report 6, 1988: 81-87.

蜜蜂现象

① 雄蜂
② 蚂蚁正在运走一只死掉的蜜蜂

交流和舞蹈

侦察蜂表演两种类型的舞蹈

为了给同伴传递蜜源信息，蜜蜂已经发展出了一种非凡的交流方式。有一些可以飞行的蜜蜂会充当侦察兵，它们寻找到丰富的蜜源后，就会通过在蜂巢上（或者在其他蜜蜂的身上，如本页右图）表演两种类型舞蹈的方式，把蜜源的位置传达给其他的蜜蜂。

指示方向

对于与蜂巢的距离在 100 米以内的蜜源，它们会表演圆圈舞；对于更远的距离，则表演所谓的"摇摆舞"。为了表演圆圈舞，蜜蜂会绕小圈爬行 3 分钟时间，在完成一个完整的圆圈后，它们会朝着蜜源的方向爬。

指示距离

蜜蜂在单位时间内爬行的圆圈数越多，表示蜜源就越接近蜂巢。蜜蜂在跳摇摆舞时，判断距离有其他的指示方法。蜜蜂跳摇摆舞时会沿着一个横着的"8"字路线爬行，当蜜蜂爬行到"8"字路线中间位置的直线上时（参考本页右下图），它们腹部的摆动次数以及胸部肌肉的振动次数包含着蜜源距离的信息。

用太阳进行定向，再进行现场"微调"

方向的指示总是与太阳的位置有关。蜜蜂
摇摆舞的数学描述（距离超过 100 米，示意图）：蜜蜂通过舞蹈告诉同伴们蜜源位置或适合建造新巢的位置。舞蹈路线的中心轴指明了蜜源的方向（与日下点的极角为 φ），沿着这个方向腹部摆动的频率代表距离 r。在上面的一组图中，一只侦察蜂正在传达一个适合建造新巢的地点的信息。从照片上可以看出，这样混乱的场景对于人眼来说是多么令人困惑。如果不通过慢动作的视频（500 次 / 秒），你几乎看不出任何线索。

甚至可以在阴天确定太阳的位置，因为它们能感知来自天空中的偏振光。奥地利动物学家卡尔·冯·弗里希发现并分析了这种通信方式，并凭借这个成果获得了 1973 年的诺贝尔奖。蜜蜂的舞蹈语言是否真的像弗里希所描述的那样能够准确定位，大量的后续研究对此提出了质疑，因为蜜蜂只需要知道与蜜源的大概距离和其方向，飞到蜜源附近以后，再利用嗅觉确定蜜源的准确位置。

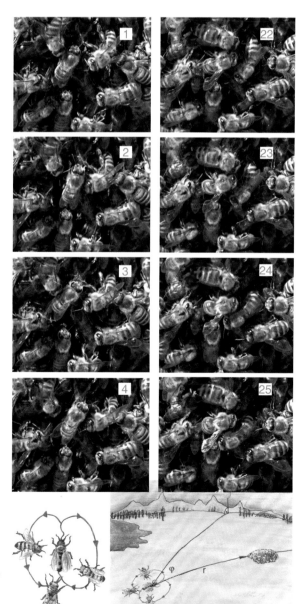

FRISCH K V. Über die "Sprache"der Bienen, eine tierpsychologische Untersuchung. Zoologische Jahrbucher (Physiologie),1923, 40:1-186.

FRISCH K V. Tanzsprache und Orientierung der Bienen. Springer, Berlin-Heidelberg-New York, 1965, 578.

TAUTZ J, HEILMANN H R. Phänomen Honigbiene. Springer-Spektrum Heidelberg, 2012.

蜂鸟鹰蛾

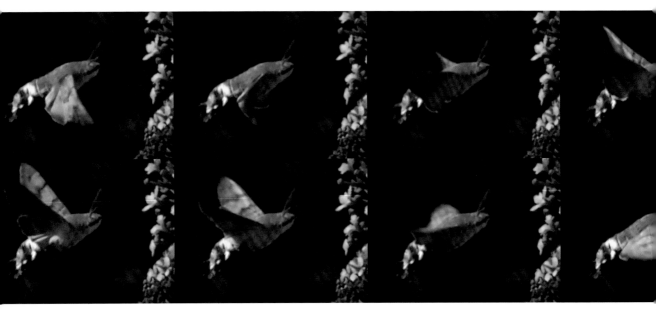

非常像蜂鸟

蜂鸟鹰蛾（*Macroglossum stellatarum*）是一种在白天活动的天蛾。天蛾（天蛾科）通常在夜间活动。蜂鸟鹰蛾的名字缘于它们在大小和外观上与蜂鸟相似这一事实。

每秒振翅 30 次

这组照片是以 240 帧 / 秒的速度拍摄的。蜂鸟鹰蛾完成一个完整的振翅周期所用的时间为 1/240 秒的 8 倍，这相当于 30 赫兹的振翅频率。这种振翅频率对于天蛾科种类的动物来说非常高，个体大的种类是无法达到这个频率的。

尽管身体胖乎乎，却完美地适应了气流

蜂鸟鹰蛾胖乎乎的身体相当引人注目。如此低的雷诺数和呈泪滴形延长的躯干并不是理想的适应气流的体形。但是大量的延长的鳞片在躯干外面形成了一层流线型覆盖层，这让蜂鸟鹰蛾完美地适应了气流。

137

蜂鸟鹰蛾的后翅在低处的折返点短暂停滞，而前翅则折上来开始向上挥动。

童年的回忆

在世界各地都受欢迎

瓢虫（瓢虫科，Coccinellidae）在世界各地均可见到，它们广受欢迎，其中一个原因是它们可以消灭蚜虫。瓢虫科中最具标志性的代表是七星瓢虫（本页图，对页上图）。哪个孩子没有捉过瓢虫呢？对页下图是一只原产于亚洲地区的异色瓢虫，现在也常见于欧洲部分地区。

七星瓢虫（*Coccinella septempunctata*）

七星瓢虫（ *Coccinella septempunctata* ）

异色瓢虫（ *Harmonia axyridis* ）

展开翅膀

　　瓢虫用于飞行的翅膀被折叠在鞘翅下面。当它们展开翅膀起飞时，最初的一瞬间总是显得"犹豫"而缓慢，之后一切动作都变得很快。对瓢虫起飞阶段的详细分析，请看本书第140页的内容。翅膀的展开是靠翅脉的支撑和稳定机制实现的。

起飞

斑点的数量

斑点的数量当然不是衡量瓢虫年龄的指标，它的数量在瓢虫的整个生命周期中都不发生变化。它是瓢虫的分类特征。在有些种类的瓢虫中，会出现不同的色型，比如红底黑点，但偶

尔也会见到黑底红点（黑化型）。事实上，下面图中的这两只瓢虫属于同一种——异色瓢虫（*Harmonia axyridis*），它们在外观上的差异让人难以置信！

翅膀展开后是原来的两倍长

在对页左侧上面的一组图片中，阴影清楚地表明，瓢虫用于飞行的翅膀（后翅）的长度是其鞘翅的两倍以上。因此，简单的折叠不能

将翅膀收进鞘翅的下面，必须至少折叠两次。翅膀的展开是通过翅脉的双稳态机制来实现的（功能像一个翻转开关，在两个位置上都是稳定的），翅脉同时也可以增加翅膀表面的硬度。见第 138 页的插图。

鞘翅在飞行过程中也发挥作用

人们常认为鞘翅的唯一作用是保护膜状后翅。但测量显示，它们在飞行中展开后，作为翅膀，的确也在扇动，并起到有效的作用。如左上角的一组图片显示，鞘翅也在随着后翅扇动，但是在同步性上存在一定差异。也就是说，它们实际上在像正常翅膀一样扇动，但它们只贡献了 15% 的气动力。

每秒振翅 80 次

这两组照片都是以 240 帧 / 秒的速度拍摄的。上面的一组照片显示的这一过程持续的时间大约为 1/16 秒。右侧的两列照片持续的总时间是上边一组照片的 2 倍（其中两列照片的持续时间都分别是 1/16 秒），由此我们可以推算瓢虫的振翅频率约为 80 次 / 秒。（译者注：从图中，可以看出翅膀一共完成了 5 个振翅周期，用的时间是 1/16 秒，因此可以算出瓢虫 1 秒振翅 80 次。）

腹部的平衡作用

慢速飞行时的倾斜稳定性

拍摄飞行的菜粉蝶（*Pieris rapae*）的照片时，摄影师有几次看到了它们的腹部稍微向上抬起。这与它们的飞行稳定性有关，尤其是在缓慢飞行时，比如当它们倾斜一定角度悬停时。蝴蝶必须能抵消由于倾斜而产生的扭转力，这样才能在倾斜状态下保持平衡。

腹部的升降

当气动力作用于重心之前或之后时，飞行物体容易发生翻转，头部抬起或降低，这取决于翅膀当前所处的位置。蝴蝶的惯性，尤其是沉重的腹部的惯性，会抵消一部分由于身体倾斜而造成的摆动，但并不会完全抵消。

像战斗机一样调节平衡

蝴蝶可以通过腹部的抬起和降低来实现平衡，使其适应所需的飞行状态。以前的战斗机都配备有调整配重，配重可以通过曲轴向前或向后移动来调节飞机的平衡。蝴蝶腹部的升降也起到同样的作用。

破败的翅膀还能飞翔吗

在本页左图中，菜粉蝶翅膀的后缘已经非常残破。这只蝴蝶翅膀残破的程度只能算一般，还有更加残破的蝴蝶翅膀，但它们仍然可以飞翔。一个极端的例子是有一种大型苍蝇，它们整个季节都在围绕着山顶飞舞，因为那里是雌雄交配的地点。在这样的季节过后，雄蝇翅膀的后缘通常已经破败不堪，尽管它们飞得没有以前那么有效和快速，但它们仍然可以很好地飞行。由于翅膀周围的气流不再处于最佳状态，这些苍蝇飞行时有明显的"嗡嗡"声——这是失速的明显表现。另外，在这种情况下飞行要消耗更多的能量。

长长的脖子，巨大的翅膀

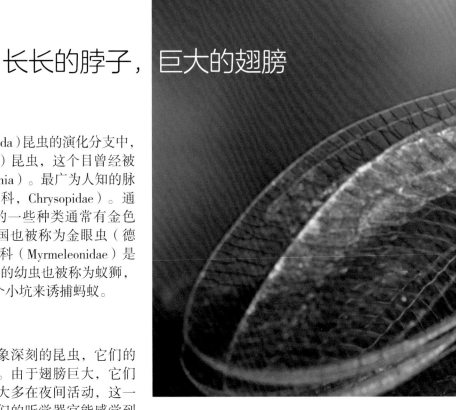

亲缘关系的确凿证据

　　脉翅总目（Neuropterida）昆虫的演化分支中，包括脉翅目（Neuroptera）昆虫，这个目曾经被称为草蛉亚目（Planipennia）。最广为人知的脉翅目昆虫是草蛉（草蛉科，Chrysopidae）。通草蛉属（*Chrysoperla*）的一些种类通常有金色眼睛，因此通草蛉在德国也被称为金眼虫（德语为 Goldaugen）。蚁蛉科（Myrmeleonidae）是另一类脉翅目昆虫。它们的幼虫也被称为蚁狮，它们会在地面挖掘出一个小坑来诱捕蚂蚁。

草蛉：听与被听

　　草蛉是一类让人印象深刻的昆虫，它们的大翅膀呈亮绿色或褐色。由于翅膀巨大，它们的飞行相当笨重。它们大多在夜间活动，这一点和许多蛾类相似。它们的听觉器官能感觉到蝙蝠的超声波，这让它们能够迅速下降，及时逃避蝙蝠的捕食。有一些种类的草蛉能发出轻柔的鸣声，这种叫声是同种之间在求偶过程中的通信信号。

狡猾的伪装

　　草蛉的成虫和幼虫都是贪婪的"吃货"。幼虫背上长有钩状毛，当幼虫吸食完蚜虫后，它们用长长的下颚把蚜虫的残骸扔到自己的背

ASPÖCK U, HARING E, ASPÖCK H. The phylogeny of the Neuropterida:long lasting and current controversies and challenges (Insecta:Endopterygota). Arthropod Systematics & Phylogeny, 2012, 70 (2): 119‐129.
ASPÖCK U, ASPÖCK H. Kamelhalse, Schlammfliegen, Ameisenldwen ... Wer sind sie? (Insecta: Neuropterida：Raphidioptera, Megaloptera, Neuroptera) . Stapfia (Linz), 1999, 60: 1‐34.

上图中所示的是一种大型草蛉（*Nothochrysa fulviceps*），它们虽然广泛分布，但是很难见到。你可以清楚地看到翅膀上细细的网状翅脉，这就是它们叫脉翅类的原因。秋天，我们常可以找到一些草蛉，有时它们会进到房间里寻找一个安全的越冬之所。

上，这些死掉的蚜虫挂在钩状毛上，变成幼虫绝好的伪装。用这种方式，草蛉的幼虫可以捕食更多的蚜虫，而不被看护蚜虫的蚂蚁发现。

长长的脖子让你绝对不会认错

蛇蛉目（Raphidioptera）是另一类具有翅脉的昆虫，全世界约有 225 种（仅分布在北半球）。现存种类被分为两个科。这类昆虫的特征是它们生有细长的前胸（包括颈部）以及重叠在一起覆盖于腹部背面的翅膀，这使它们看起来非常特别，让你绝对不会认错它们。

飞行时，呼呼作响

蛇蛉在整个生命周期中都在陆地上生活。成虫在白天活动，不擅长飞行，所以它们通常只是爬行，或只能飞行几厘米的距离，呼呼作响地落在植物上。有一些种类（尤其是那些幼虫在土壤中发育的种类）喜欢生活在低矮的灌木上。蛇蛉科的种类都是以蚜虫为主要食物的捕食者，盲蛇蛉科的成虫主要以花粉为食。本页下图所示的是长尾蛇蛉（*Xanthostigma xanthostigma*），它们在作者生活的地区比较常见。腹部后面的长产卵器表明它是雌性的。

CHARLES S H. Acoustical Communication during Courtship and Mating in the Green Lacewing Chrysopa carnea (Neuroptera: Chrysopidae). Annals of the Entomological Society of America, 1979, 72 (1): 68 - 79.

ASPÖCK H, ASPÖCK U, RAUSCH H. Die Raphidiopteren der Erde, 2 Bände. Goecke & Evers, Krefeld, 1991.

强大的跳跃能力

蝗虫的跳跃能力是惊人的。它们的后腿演化出了最优的杠杆比率，以获得最大的弹跳力。蝗虫大腿（腿节）上的跳跃肌肉发达而有力，肌肉在收缩的瞬间可以产生巨大的力量。在这个过程中，韧带拉紧到几乎快要断裂的程度。从技术上来说，以沙漠蝗（*Schistocerca gregaria*）为例，它的安全系数只有 1.25。

10 倍于重力加速度

在起跳时，蝗虫用薄而轻的小腿（胫节）支撑地面。大腿和小腿在几毫秒内几乎完全伸直到 180 度，随后蝗虫将自己斜着射向空中。事实上，沙漠蝗跳跃时的加速度在数值上相当于重力加速度的 10 倍。它们的跳跃距离可以达到 1 米远。在跳跃过程中，它们的飞行器官也开始发挥作用。

动物的加速能力

叩头虫（叩甲科，Elateridae）和木虱（木

虱总科，Psylloidea）是"爆发式跳跃"的典型代表。有些白蚁的兵蚁长有一对带锯齿的上颚，上颚张开后再合上时可以释放出巨大的向心力。依靠这股力量，它能轻易地撕碎蚂蚁。在植物王国中我们也可以观察到植物惊人的加速的例子，如对页图中的植物。

BROWN R H. Mechanism of locust jumping. Nature (Ldn), 1967, 214.
SCOTT J. The locust jump: an integrated laboratory investigation. Advances in Physiology Education Published 1 March, 2005, 29 (1): 21-26.

植物王国中的 4 000 倍的重力加速度

在 1 毫秒之内种子消失得无影无踪

　　所有的凤仙花属（*Impatiens*）植物的果实在成熟时都会产生巨大的内部压力，这种压力会导致果实突然炸裂成 5 瓣。在炸裂过程中，种子以极高的速度被弹射出去。

植物界最快的机制之一

　　果实有特殊的结构来实现这一炸裂过程。果皮的 5 个隔膜上含有膨胀组织，膨胀组织膨胀时挤压厚厚的果皮，从而在内部产生膨胀压力。在果实成熟过程中，隔膜的中间层细胞逐渐分解，隔膜变得越来越薄弱。最后隔膜破裂，压力得以释放，导致果皮破裂，果皮猛烈地向内卷曲。在炸裂的第一毫秒内，果皮就卷成一团，这使种子获得了巨大的加速度，相当于 300~4 000 倍的重力加速度，种子就这样被弹射出去。

种子的飞行距离在 5 米以上

　　种子被弹射出去后可以飞行 5 米以上距离，如果在倾斜的山坡上，则种子可以飞得更远。这种爆炸机制使植物的种子能够快速传播。

NACHTIGALL W. Fruchtexplosion und Samenausschleudern beim Kleinblütigen Springkraut Impatiens parviflora. Teil 1: Bau und Funktion der Frucht, Teil 2: Stroboskopische Messungen und Rechnungen zum Samenausschleudern. MikroXismos, 2010, 99: 211 - 217.

飞蚁

以雌性为主，雄性只在需要时出现

蚂蚁、胡蜂和蜜蜂都是膜翅目昆虫。它们都属于膜翅目中的针尾亚目（Aculeata，这一种类的雌性的产卵器特化成蜇针），全世界约有 13 000 种。它们都是群居的社会性昆虫，个体之间有非常复杂的分工。一窝蚂蚁主要由雌蚁组成，包括一只或多只蚁后（生殖蚁）、工蚁和不同类型的兵蚁。负责生育的蚂蚁，也就是雄蚁和新蚁后，只有到了交配季节才会少量产生。

小偷、种子食客、真菌的栽培者

蚁群可能由几百只甚至几百万只个体组成，这取决于蚂蚁的种类。虽然大多数蚂蚁都能蜇人，但有些种类的毒刺已经消失或退化（如木蚁），取而代之的是其他形式的防御方式，比如叮咬或喷洒蚁酸。大多数蚂蚁都会偷窃其他蚁类的食物，有些种类吃种子，还有一些蚂蚁会栽培真菌（如热带地区的切叶蚁）。它们把切下来的树叶带到巢内用来培养真菌，这些蚂蚁以自己培养出来的真菌为食。

南非的一种陷阱颚蚁（大齿猛蚁属，*Odontomachus*）以其上颚咬力的强大而闻名。它们的上颚可以极高的速度咬合，从而把猎物撕成碎片。

大多数种类的雄蚁都比它们的蚁后要小得多，因为它们的唯一作用就是和蚁后交配。交配后雄蚁死掉，而蚁后则开始寻找新的巢址。

LARABEE F J, SUAREZ A V. Mandible-Powered Escape Jumps in Trap-Jaw Ants Increase Survival Rates during Predator Prey Encounters. PLOS ONE, 2015: 1 - 10.

巨大的超级蚁群

开始时，蚁后只产下少量的卵，这些幼蚁被孵化出来以后，仍然需要蚁后来喂养，然后长大成为工蚁。

新巢的建立可以有多种形式。交配后的蚁后可以侵入到其他的蚁巢，并被蚁群接受，这样蚁巢中就会有几个蚁后。一年过后，蚁群可以发展出庞大的族群。此外，老蚁后也可能带领一部分蚂蚁迁出，另造一个副巢。这种由无数副巢组成的巢群可以延伸数千米，形成巨大的超级蚁群。

气味——绝妙的交流方式

所有的蚁群都是高度组织化的，它们分工明确，通过气味进行交流和通信，这几乎可以解决内部或者对外的所有问题。工蚁释放出追踪信息素，其他个体闻到后，可以跟着气味找到回巢的路径。聚集信息素可以用来标记猎物。在需要协同防御时，工蚁会发出警报信息素。每个蚁巢都有自己特有的信息素，可以用来区分同伴和外来者。

只有雄蚁和蚁后才能飞行

许多蚂蚁的交配飞行（婚飞）是相当壮观的。工蚁没有翅膀，但生殖蚂蚁（如雄蚁和新蚁后）在出生时长有翅膀。成千上万甚至数百万的雄蚁和新蚁后经常同时离开蚁巢，进行婚飞。这样，雄蚁可以找到其他蚁群中准备交配的蚁后。

交配经常发生在飞行过程中

雄蚁和蚁后的交配经常发生在飞行过程中，这时身形巨大的蚁后通常会拖着体形弱小的雄蚁一起飞。交配后，雄蚁会死去，蚁后失去翅膀并开始寻找新的巢址。

HÖLLDOBLER B, WILSON E O. The Ants. Harvard Univ Press, 1990.
HÖLLDOBLER B, WILSON E O. The Superorganism:The Beauty, Elegance, and Strangeness of Insect Societies. Norton & Company .

技能卓越但不受欢迎

非凡的触觉

蟑螂，尽管它们是非常有趣的昆虫，但它们并不受人欢迎。本页图中展示的是一只美洲蟑螂（*Periplaneta americana*），这是一种体形较大的种类，跑得飞快，速度可以达到1米/秒（相当于人的步行速度）。危急时刻，它们喜欢躲藏在缝隙里。它们的触觉非常发达，复杂而敏感的触觉依靠身上的感觉毛获得。它们能够探测到极其微小的振动，并迅速逃离危险的环境。它们不喜欢被发现，因为那样它们要耗费大量的能量来飞行。

哗哗作响

当蟑螂被发现时，它们逃跑的声音哗哗作响。它们的前后翅膀的发育情况不同。前翅窄而硬；后翅薄，展开后呈扇形。休息时，前翅覆盖在折叠的后翅之上，起到保护作用。

前翅和后翅不同步振翅

　　对页图中的蟑螂的前翅已经挥动到上面的折转点，并开始向下挥；而后翅挥动至下面的折转点，并即将向上挥动。本页图中：左侧的前翅清楚地显示蟑螂的翅膀发生了变形。

美洲蟑螂（*Periplaneta americana*）的腹部末端带有一颗卵。

飞行的白蚁

白蚁实际上属于蟑螂类——有蚁王和蚁后!

最新的系统发育研究将白蚁归类为蜚蠊目。与蚂蚁相似,白蚁也是社会性昆虫,但与所有膜翅目的昆虫(如蜜蜂或胡蜂)不同,白蚁有雄性工蚁和一只蚁王。由于大多数种类呈白色或浅黄色,因此,它们通常被称为白蚁。白蚁在世界各地都有分布,全世界有3 000多种,大多数种类分布在热带地区,在欧洲只有10种,并且都生活在地中海地区。

3种类型的个体

白蚁群中的个体可分为3种类型:生殖蚁、工蚁和兵蚁。工蚁是发育不完全的雄蚁或雌蚁。白蚁可以用泥土和纤维素材料建造巨大的蚁丘。在非洲和澳大利亚的大草原上,这些白蚁丘有时高达几米。

只有生殖白蚁才有翅膀

和蚂蚁一样,只有生殖白蚁才长有翅膀,

通过共生的生物消化植物纤维素

白蚁只吃植物和纤维素材料(如木材等),它们可以在与其肠道共生生物的帮助下消化纤维素。在热带地区的木质建筑中,它们是令人惧怕的害虫,原因就在于此。

由数百万只白蚁组成庞大蚁群

白蚁群和蚂蚁群一样,都可以快速繁殖,蚁群常由几百万只白蚁组成。大多数白蚁的长度在5毫米到15毫米之间,然而它们的蚁后能长到14厘米,寿命长达40年。

它们借此进行婚飞。婚飞通常发生在晚上。白蚁的飞行能力较弱,它们细长的翅膀不善于飞行,而且翅膀比身体要长得多。在逆光情况下,人们可以很容易地观察到白蚁,因为它们易被光线吸引(见对页上图)。

蚂蚁是它们最大的敌人

在光线下,白蚁可能会遇到各种各样的敌人,如蚂蚁。蚂蚁是白蚁最大的天敌(见对页下图)。新的蚁王和蚁后在光线下找到对方。一旦找到了彼此,它们就退去翅膀,寻找一个合适的地点筑巢。

WARE J L, LITMAN J, KLASS K D, et al. Relationships among the major lineages of Dictyoptera:the effect of outgroup selection on dictyopteran tree topology. Systematic Entomology, 2008, 33 (3): 429 - 450.

BIGNELL D E, ROISIN Y, LO N. Biology of Termites:A Modern Synthesis. Dordrecht: Springer, 2010.

在新巢中交配

只有当新巢建成后,蚁王和蚁后才会交配。蚁后随后会产下少量的卵,不久之后,幼蚁孵化。幼蚁和成蚁在外观上差别不大,它们会立即开始在巢中工作。

白蚁没有"蛹"的发育阶段

白蚁属于不完全变态昆虫。也就是说,它们没有蛹这一发育阶段,由卵孵化出来的幼体相当于成虫的微缩版本(译者注:一般称为若虫)。经过蜕皮,幼蚁长大并逐渐长出翅膀(没有翅膀的除外)。一旦蚁群达到一定的规模,蚁后产卵的速度就会加快,每天所产的卵可以多达上千枚。蚁王和蚁后永远生活在巢中,不会离巢。

同一栖息地上的快速捕食者

危险的海滩

捕食性月斑虎甲 [（Cicindela（Calomera）littoralis）] 主要捕食沙滩上的海藻蝇和海蟑螂。它们白天捕食，发现猎物后会直扑过去。由于具有性能卓越的复眼，它们有发达的三维空间视力。

快速起飞——当身体足够温暖时

与一般甲虫不同，虎甲在受到干扰时会快速起飞（见对页上图），飞出几米后再重新落地。然而，要实现这样的快速起飞，天气一定要很暖和，因为这些昆虫是冷血动物，它们肌肉的活动性能依赖一定的温度。虎甲的鞘翅抬起时不倾斜一定的角度，它们的鞘翅也不像金龟子那样扇动（见第 242 页）。相反，它们把鞘翅向两侧展开，固定于两对前腿处。在这种方式下，虎甲的鞘翅就像高翼飞机的机翼。整个起飞过程不会超过 0.12 秒，在短距离飞行时，虎甲的飞行速度不超过 3 米/秒。

另一个"快如闪电"的昆虫

在同一片海滩上还有另一类危险的捕食动物——沙蜂，它们是一种掘土蜂。雄性沙蜂负责寻找雌性沙蜂，而雌性沙蜂负责捕捉海藻蝇，将海藻蝇作为它们幼虫的食物。

NACHTIGALL W. Take-off and flight behaviour of the tiger-beetle species Cicindela hybrida in a hot environment. Entomol. Gener, 1995, 20 (4): 249 - 262.

寻找雌性沙蜂

本页下图中这只雄性沙蜂（*Bembix rostrata*）正在"找老婆"。虎甲在大小和体形上与雌性沙蜂都有一点相像。但是作为猎物，虎甲的个体太大，沙蜂捉不住这么大的猎物。这组照片是以 12 帧 / 秒的速度拍摄的，记录了一只沙蜂的活动情况：（1）在接近一只虎甲；（2）进行识别；（3）调转方向飞走。

半鞘翅

两对形状不同的翅膀

东方原缘蝽（又称酸模臭虫）是一种半翅目（Heteroptera）昆虫，非常常见，属于缘蝽科（Coreidae）。它们的翅膀窄于腹部，腹部的后端略圆。它们喜欢生活在低矮的植物上，它们的嘴特别细长，适合穿刺（刺吸式口器），可以吸食植物汁液。静止时，翅膀覆盖在腹部上方，彼此部分交叠。前翅的根（基）部坚硬，称为革质，像鞘翅，末端为膜质。这种翅称为半鞘翅，因此，这类昆虫被称为半翅目昆虫。它们的后翅完全为膜质，休息时，后翅折叠于半鞘翅之下。

东方原缘蝽（*Coreus marginatus*）起飞之前的准备时间较长（约 1 秒）

前后翅之间的连接

前翅和后翅会通过复杂的结构连接起来，使翅膀在飞行过程中牢固地联合在一起。因此，前、后翅在扇动时会一起运动，就像一个翅膀一样。从本页的上图和下图中都可以清楚地看到翅膀的这种联合。在起飞之前，前翅和后翅要先通过特殊的折叠结构连接起来，形成一个单一的翅面。在对页下图中，东方原缘蝽的前翅已经展开，而后翅正在展开。

腹部背面的红色只在飞行时可见

这种昆虫在飞行时会露出腹部背面的鲜红色，而这部分通常被翅膀覆盖着。一般认为这种鲜红的颜色是一种拟态，与防止鸟类捕食有关。

本页上图所示的是东方原缘蝽，下图所示的是非常罕见的斑点蝽（*Graphosoma semipunctatum*），它正在从手指上起飞。这些照片都很好地显示了前、后翅膀是如何联合成单一的翅膀的。斑点蝽的前胸背板是两排斑点，而不是条纹。前胸背板有条纹的是意大利条纹蝽（*Graphosoma lineatum*），它是比较常见的种类。

悬停飞行

夏条蜂（*Anthophora aestivalis*）

　　在野生蜜蜂中，条蜂属特别善于飞行。它们的飞行速度非常快，可以快速转弯，还能保持在空中悬停不动，持续几秒的时间，以完成对周围环境的仔细检查。雌蜂会采集大量的花粉，用来喂养后代。它们会在地面上挖巢，并将后代置于巢中。

黑带食蚜蝇（*Episyrphus balteatus*）

看似一动不动的悬停飞行

图中所示的是黑带食蚜蝇（*Episyrphus balteatus*），雄性黑带食蚜蝇喜欢在阳光透过树枝形成的光线里停留。它们以 300 赫兹以上的振翅频率进行悬停飞行，但翅膀的振动幅度很小。

这种飞行是怎么做到的

在悬停飞行中，它们的身体保持水平，翅膀以一定的倾角扇动。目前还没有确凿的证据能解释这种飞行是如何实现的。通常的情况正好相反，即动物的身体保持倾斜，翅膀以水平角度扇动，例如鸟类的悬停飞行。

以 7 倍的重力加速度加速

当一个物体高速经过雄蝇时，它们会迅速加速追赶上去，最大加速度可达到重力加速度的 7 倍。如果经过的是一只雌蝇，雄蝇便会一直追逐，以达到交配的目的。否则，它们就会迅速地回到原来悬停的位置。这种快速的加速动作可以通过投掷微小石头或面包碎屑来激发。显然，只有经过的物体与它们距离很近——它们能看到时才会去追逐。

向着太阳飞行的小象丹波

比例

马铃薯叶甲（*Leptinotarsa decemlineata*）的体形很像一只瓢虫。它们的体长可以达到 1 厘米，体重是瓢虫的 4~8 倍，但是它们的飞行能力与瓢虫相似（欧洲深山锹甲的体重是马铃薯叶甲的 200~300 倍）。

大象不会跳，更不用说飞了。大象的长度是一只马铃薯叶甲的 400 倍，大约 5 000 万或 1 亿只这种甲虫的体重总和才与一头大象的体重相当。大象即使像动画片《小飞象》里的小象丹波那样拥有再大的耳朵也飞不起来（见对页左下图）。

向着太阳起飞

一旦马铃薯叶甲的鞘翅展开（本页下图），折叠的后翅就将展开，现在它已经准备好起飞了。从阴影的位置可以看出，通常马铃薯叶甲会朝着太阳的方向起飞。和瓢虫一样，马铃薯叶甲起飞时也会将后腿伸直。

马铃薯叶甲（*Leptinotarsa decemlineata*）

靠太阳的位置定向导航

为什么许多昆虫会向着太阳的方向飞，这在本书第 65 页已经讨论过了。这些动物利用太阳或天空中的偏振光来确定方向，天空中的偏振光由太阳的位置决定（即使太阳隐藏在乌云后，偏振光也不会受到影响）。

给摄影师带来的好处

摄影师期待昆虫朝着太阳的方向飞行。因为在拍摄昆虫的照片时，这些知识可以用来帮助确定相机的摆放位置，以使相机能够尽可能长时间地获得最佳焦距。

右边的两组照片显示的是一只亚洲（现在已经被带到了欧洲）异色瓢虫（*Harmonia axyridis*）和一只姬蜂，它们正在飞行。从它们投在地面的阴影中，我们可以推断它们翅膀的位置与飞行方向的关系。如果昆虫在向着太阳的方向飞，翅膀的阴影看上去就会是对称的。这两列照片都只能用非常短的曝光时间（1/6 400秒）拍摄，以定格翅膀的运动。

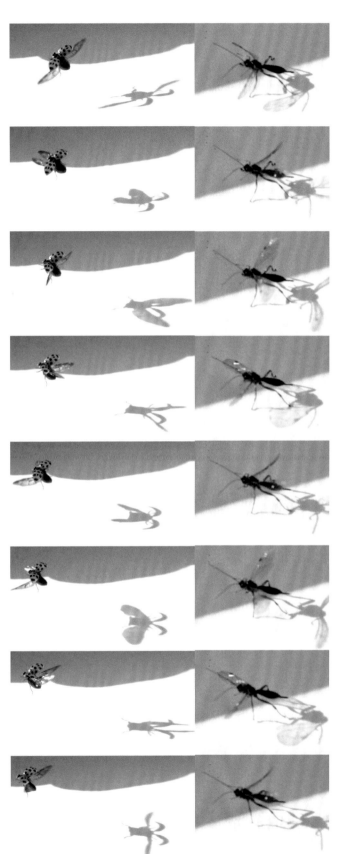

蝴蝶飞行分析

稀有的旖凤蝶（*Iphiclides podalirius*）乘着上升的气流，不用挥动翅膀就可以长时间飞翔。

对页：一只荨麻蛱蝶（*Aglais urticae*）正在飞行，翅膀只挥动了一次，就完成了一个90度的转向（图中1~7）。因为这些照片是以1/250秒的速度拍摄的，所以这段时间大约是1/40秒。仔细观察，可以看出左右两对翅膀之间的细微差别。左侧的一对翅膀比右侧的翅膀更弯曲一些，其前缘比右侧的更低一些，并且比右侧翅膀稍微靠前一些。因此，左侧产生的升力比右侧大，这使得蝴蝶绕着自身的纵轴旋转。蝴蝶旋转得有些过猛，但最终它努力使自己恢复了平衡和稳定。

第 6 章　鸟类——飞行动物的典范

从蜂鸟到安第斯兀鹫

在脊椎动物中，鸟类是最成功的类群，它们的身影无处不在。始祖鸟被认为是演化理论中经典的"缺失环节"，它们的直系祖先被认为是2亿年前所有鸟类的共同祖先。从那时起，大大小小的鸟类开始在天空中自由地飞行、穿梭、滑翔。它们既为花朵传粉，也捕食昆虫和小型哺乳动物。

始祖鸟

其他爬行动物的特征：

- 脑颅小；
- 脊椎骨分离；
- 肋骨无钩状突；
- 具有腹膜肋；
- 腰带骨尚未愈合，以结缔组织相连；
- 掌骨分离和指端具爪；
- 胫骨和腓骨未融合。

其他鸟类特征：

- 前肢骨骼似鸟；
- 存在叉骨（锁骨愈合形成）；
- 骨盆似鸟；
- 腿骨类似于走禽；
- 具有锚定飞行肌肉的胸骨（尽管很小）；
- 跗骨的一部分愈合。

具有明显的爬行动物特征：

1. 长长的尾巴具有分离的尾椎骨；
2. 锥状牙齿；
3. 前肢有指，指端有爪。

鸟类特征：

4. 具有不对称的飞羽；
5. 第一趾朝后。

鸟类是恐龙的后裔

众所周知，鸟类与爬行动物有关，它们实际上是由爬行动物演化而来的。始祖鸟的发现证明了这一点，它是爬行动物和现代鸟类之间演化上的连接。

继羽毛化石之后又发现完整的骨骼

1861 年，在德国南部的索伦霍芬的石灰岩中，第一次发现了始祖鸟的羽毛化石，3 年后又发现了完整的骨骼化石。这一发现刚好发生在达尔文的自然选择理论发表后不久，因此，始祖鸟便成了古生物学和演化生物学的标志。

从那以后，人们共发现了 11 个始祖鸟化石，它们的保存状态和完整程度各不相同，大部分发现于德国艾希斯塔特和索伦霍芬地区。根据保存化石的博物馆的所在地点，它们被称为柏林标本（保存于柏林自然博物馆）、伦敦标本或索伦霍芬标本。

爬行动物特征和鸟类特征

对始祖鸟特征的详细分析表明，它们仍然表现出许多爬行动物的特征（比如颌具有牙齿，翅膀上具有能活动的手指，指端具爪，具有尾椎骨），但是它们也具有许多现代鸟类的特征：鸟类的头骨，羽毛，具有乌喙骨的肩带能支持飞行肌肉，缩短的前肢变形为翅膀，鸟腿（跗骨直立用于行走），鸟脚（第一趾朝向）。

始祖鸟当然可以飞

始祖鸟生活在大约 1.5 亿年前，也就是晚侏罗纪，具有飞行能力。这可以从化石所保留的一系列的形态特征中推断出来。像现代鸟类一样，始祖鸟有一副由中空骨头构成的轻巧的骨架。它们的飞羽是不对称的，即羽轴左右两侧的羽片长度不同，因此，就像现代鸟类一样，始祖鸟羽毛的羽片可区分为外片和内片。

GODEFROIT P, CAU A, HU D Y, et al. A Jurassic avialan dinosaur from China resolves the early phylogenetic history of birds. Nature, 2013, 498 (7454): 359 - 362.

ALONSO P D, MILNER A C, KETCHAM R A, et al. The avian nature of the brain and inner ear of Archaeopteryx. Nature, 2004, 430 (7000): 666 - 669.

这种非对称的飞羽只存在于能飞行的鸟类身上。走禽（像鸵鸟或鸸鹋等）的羽毛是对称的。

第一个"缺失的环节"

这种原始的鸟类为达尔文和他的自然选择理论提供了证据，证明达尔文理论预测的缺失环节确实存在。因此，始祖鸟可以被定义为生活在侏罗纪的一种原始鸟类，它们代表了爬行动物和今天真正的鸟类之间的一种过渡形式。

最终，真相大白

保存在伦敦的始祖鸟标本是 1861 年在德国索伦霍芬镇附近的兰格纳尔泰默尔 – 哈尔德（Langenaltheimer Haardt）村发现的，是 3 个最重要的标本之一。这是被发现的第一件完整的始祖鸟骨骼化石，被命名为印板石始祖鸟（*Archaeopteryx lithographica*）。就在这个化石标本被发现几个月后，大英博物馆的理查德·欧文下令购买这一标本。欧义是博物馆自然史藏品部门的负责人，也是达尔文理论的反对者。

伦敦标本——印板石始祖鸟（*Archaeopteryx lithographica*），羽毛保存完好。

之所以要购买这个标本，是因为他想要隐藏这一支持达尔文进化论的证据。这具化石被封存了很长一段时间后，对它的研究结果才公布了一小部分。

现代鸟类的一些特征：

1. 尾巴无椎骨（译者注：鸟类尾骨退化，最后几枚尾椎骨愈合为一块尾综骨）；
2. 头部具有大眼睛，喙无齿；
3. 不对称的飞羽；
4. 鸟腿（跗骨与胫骨愈合为胫跗骨）；
5. 鸟脚（第一趾向后）；

- 肩带具有乌喙骨，以此支撑飞行肌肉；
- 胸骨发达；
- 前肢特化为翅膀。

挑战生物物理学的极限

可以捕食的最大猎物有多大

在本页照片中，黄脚银鸥（*Larus cachinnans*）为了把一条鳗鱼叼到一个可以安静地吞食的地方，正在挑战自己飞行能力的极限。欧洲最大的海鸥——大黑背鸥（*Larus marinus*）的体重达到 2.22 千克，体长约为 74 厘米。本页中的黄脚银鸥的体长约为 56 厘米，体重约为 1.5 千克。

海鸥几乎无法叼走雌性鳗鱼

欧洲鳗鲡（*Anguilla anguilla*）雌鱼最大可以长到 1.5 米，体重约为 6 千克。海鸥叼不动这么重的鱼。雄性鳗鱼只有 40~60 厘米长，因此较轻，平均体重约为 1 千克。因此，当上图中的成年海鸥叼起一条幼鳗或雄性鳗鱼时，负重相当于海鸥自身体重的 30%。海鸥的最大负重可以达到自身体重的 50%，此时它甚至还可以进行短时间的飞行。上图中这只海鸥的负重可能已经超出了自身能力的极限。

黄脚银鸥（*Larus cachinnans*）

黄脚银鸥（*Larus cachinnans*）

在气流紊乱的边缘

仔细观察后发现，海鸥翅膀后缘的羽毛向上卷起，这表明海鸥正以极陡的角度飞行，以获得最大的升力。这几乎导致了翅膀上部气流的紊乱。向上挥动翅膀时，翅尖的"迂回运动"也表明了这种飞行状态所产生的升力"几乎达到了极限"。海鸥的生物学结构已经达到了它们飞行时承受的物理极限。

几十毫秒之间的成功与失败

图中的两只海鸥动作太慢了，以至于它们抓不到跃出水面的沙丁鱼。鱼跳出水面整个过程的时间仅仅为几十毫秒，所以海鸥的反应时间必须在这个范围内。也就是说，在海鸥啄到沙丁鱼之前，鱼已经消失在水下了。

鸟类摄影之生物力学解释（1）

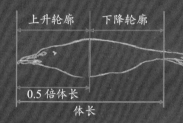

上升轮廓　下降轮廓

0.5 倍体长

体长

流体力学简介

　　鸟类摄影往往可以获得惊人的信息，通过功能上的解释，它们可以提供给我们更多的启示，而这是肉眼所观察不到的。要通过鸟类飞行的照片给出鸟类在生物物理学上的解释，需要深入了解流体力学吗？下面我们将海鸥和其他鸟类的飞行照片进行比较，来讨论和分析 9 个典型的例子。

（1）羽毛造就了鸟体的流线型体形

　　当从侧面看一张鸟的照片时，你会发现鸟的躯干轮廓在头部之后逐渐地变厚。躯干的最大厚度不在身体前部的 1/3 处，这与人们所预期的水滴形的身体轮廓有所不同。鸟体最厚之处要靠后一些，在身体长度的 40%~50% 处。此外，躯干上的羽毛为身体提供了一种流线型羽层。这样的体形产生的阻力很小。

红嘴鸥（*Larus ridibundus*）的冬羽

NACHTIGALL W. Zur biomechanischen Interpretation von Vogelflug-Aufnahmen. VOGELWELT, 2014, 135: 83 - 88.
TUCKER V. Body drag, feather drag, and interference drag of the mounted strut in a peregrine falcon. Falco, 1990.

（2）翅膀的位置和气动力的生成

当鸟的翅膀从后上方向前下方挥动到中间位置时，这时拍摄到的照片可以为我们勾勒出此刻鸟体的空气动力学状况——假定无风的条件。

如果鸟翼垂直于纸，也就是说，如果它从书中向读者的眼睛方向伸出，那么气动力的所有组成部分都位于纸面上，这样就可以画出它们。与任何一个被流体包围的物体一样，翅膀受到气流的阻力（F_W）作用，其方向与气流的方向相同。略微扁平的身体以一定的角度 α 迎向气流，这个角度被称为攻角，此时会产生一个垂直于气流方向的力 F_A。这个力也常被错误地称为升力。对于有些鸟类的翅膀，F_A 可以是 F_W 的几倍（例如鸽子，F_A 约为阻力 F_W 的8倍）。为了清晰起见，我们在草图中将 F_A 画成阻力 F_W 的3倍。这两个分力产生的合力 F_{res} 以一定角度指向斜上方，F_{res} 又可以用另一个平行四边形分解成两个分力，一个分力向上成为升力 F_H，另一个分力向前成为驱动分力，即推力 F_V。升力和推力是鸟类飞行所需的气动力。大多数鸟类翅膀的挥动主要产生这样的气动力。

白鹳（*Ciconia ciconia*）

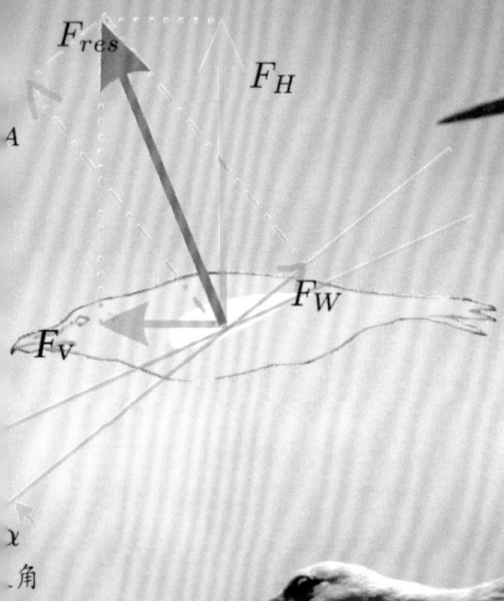

F_{res}　F_H

F_W

F_V

攻角

CARROL L, HENDERSON. Birds in Flight: The Art and Science of How Birds Fly. Voyageur Press , 2008.
GOODNOW DAVID. How Birds Fly. Periwinkle Books , 1992.

生物力学解释（2）

（3）翅膀从内侧向外侧扭转的程度不断增加

当翅膀挥动到中间位置时，此时拍摄的照片显示，翅膀的横剖面从根部到末端的扭转程度越来越大。在翅尖部位，翅膀的前缘位置越来越低。类似的扭转也存在于一些飞机的机翼中。下面这幅示意图说明了这种扭转的影响。

翅膀的每个剖面处都会产生升力和推力。这需要一个有利的攻角 α，在翅膀的末端部分，攻角 α_1 不太大。翅膀如果没有这样扭曲，翅膀尖部位就会和气流形成一个较大的攻角 α_2，这样则会导致气流紊乱，从而导致翅膀的这部分不能产生气动力（由于翅膀的角速度恒定，剖面处的绝对振翅速度 $v_{振翅}$ 随着与翅膀基部距离的增加而增大，而飞行速度 $v_{飞行}$ 维持稳定，见下图中的两个矢量速度三角形）。这种不利影响可以通过增加翅膀的扭转程度来完全抵消。整个翅膀都尽量保持这种小的攻角 α_1 对飞行是有利的。第 IX 页上的示意图也同样说明了这一点。

（4）呈指状分开排列的初级飞羽

当鸟类飞行时，初级飞羽展开，每一根分

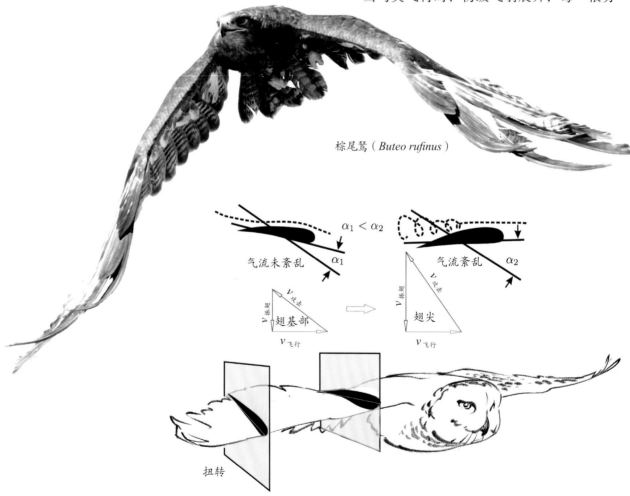

棕尾鵟（*Buteo rufinus*）

BILO D, NACHTIGALL W. Biophysics of bird flight:questions and results. Fortschritie der Zoologie , 1977.

开的初级飞羽都会产生一个短的螺旋形涡旋。如果初级飞羽分开排列得合适，各个螺旋形涡旋将组合形成一个涡旋管。研究表明，涡旋管内部的压力 p 比外部大。因此，初级飞羽的这种排布产生的效果就好像在两翼的末端配备了喷气发动机一样，有助于推力的产生。这种方式可以减小两

为什么白鹳是技术高超的滑翔者

最新的研究结果证实，当白鹳的飞行速度为大约 7 米/秒时，它们的初级飞羽就将像伸开的手指一样展开，并调节到最佳的分开程度。在初级飞羽保持这种排列时，白鹳的翅膀相对于椭圆形翅膀最多可减小 20% 的诱导阻力，而椭圆形翅膀是人类技术领域中诱导阻力最小的翼形。在单层翼的情况下，大自然的演化打败了任何人类技术。类似的效果可以在诸如双翼飞机和三翼飞机等机型上看到，也可以在现代商用飞机的机翼结构中见到。因此，白鹳降低了其下降速度，这对

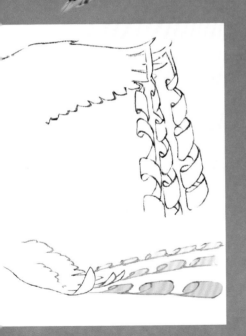

雪鸮（*Bubo scandiacus*）

翼末端的诱导阻力，降低飞行能耗。在这些雪鸮（*Bubo scandiacus*）的照片中，我们可以清楚地看到，无论翅膀是向下挥动（本页下图）还是向上抬起（对页下图），初级飞羽都是分开的。

于其利用微弱的上升气流进行滑翔来说特别重要，它们的飞行肌肉不够发达，不适合长时间主动飞行。（译者注：双翼飞机和三翼飞机分别指具有双层翼和三层翼的飞机。）

RECHENBERG I . "Berwian" konzentriert den Wind. Sonnenenergie, 1984, 2: 6 - 10.
EDER H, FIEDLER F, NEUHAUSER M. Das Geheimnis des Storchenflugs. BIUZ, 2016, (56): 106 - 112.

生物力学解释（3）

（5）在高入射角飞行时翼上覆羽竖起

鸟类的飞行照片揭示，当鸟类以高入射角飞行时，即当鸟类在振翅起飞或者减速降落时，翅膀上的覆羽是竖起来的，如本页下图所示。这可能是由翅膀的上表面在短时间内受到的高吸力效应或边界层的移动所致。在这种情况下，围绕着翅膀表面的空气层（即边界层的内层部分）不像围绕着翅膀的外层气流一样沿着翅膀向后流动，而是沿着翅膀上表面从后向前流动。这种反向气流形成了一种分裂层，挤入边界层的下面，使边界层分离，导致气动力崩溃。当覆羽自动竖起时，它们就像逆流制动装置，会减缓这种反向气流的向前移动。这一解释已得到在萨尔布吕肯（德国西南部边境城市）进行的风洞模型实验的证实。随后，实验数据被送到柏林进行了分析，以期达到实际的仿生应用目的。（译者注：在航空学上，入射角指翼弦与机身的夹角，对于鸟类来说，指的就是鸟类的翼弦与鸟身的夹角，即翅平面与鸟类身体纵轴的夹角。）

红嘴鸥（*Larus ridibundus*）的夏羽

NACHTIGALL W, WEDEKIND F, DREHER A. Hinweise auf aero dynamise he Rauhigkeitseffekte an Vogelfliigelprofilen. BIONA report 3, Akad. Lit Mainz, G. Fischer, Stuttgart, 1985: 195 - 218.

PATONE G, MULLER W, BANNASCH R, et al. Bird flight in unsteady wind conditions. II. Technical application of the "covert-feather-effect". Abstracts III. Workshop Soc. for Technical Biology and Bionics, Innovationskoll eg "Bewegungssvsteme", Jena, 1997: 151 - 152.

（6）小翼羽的展开

当鸟类以大攻角飞行时，它们经常张开小翼羽。通过小翼羽和主翼羽之间产生的小缝隙，气流被导向翅膀的上表面。这增加了翅膀上表面气流的动能。当鸟类以高入射角飞行时，翅平面周围的气流容易产生紊流。形象地说，这种能量的提升可以让气流保持并继

小翼羽

上边的曲线：
小翼羽展开时

下边的曲线：
小翼羽合拢时

续产生高升力。飞机机翼前缘的可伸缩的条形缝翼也具有同样的功能。在生物中，相似的效果还见于家麻雀（*Passer domesticus*）、家鸽（*Columba livia domestica*）、紫翅椋鸟（*Sturnus vulgaris*）和绿头鸭（*Anas platyrhynchos*）的翅膀。由此产生的附加升力最多可增加约 15%，升力通常以升力系数 C_A 表示。示意图中的曲线说明，小翼羽展开对翅膀升力有增加作用，并且随着攻角增加，升力先升高，再降低。因此，只有在中间一段攻角范围内，小翼羽才有增加升力的作用。小翼羽控制着翅膀上一个向后延伸的楔形区域，这个区域至少占翅膀表面积的 10%~15%。

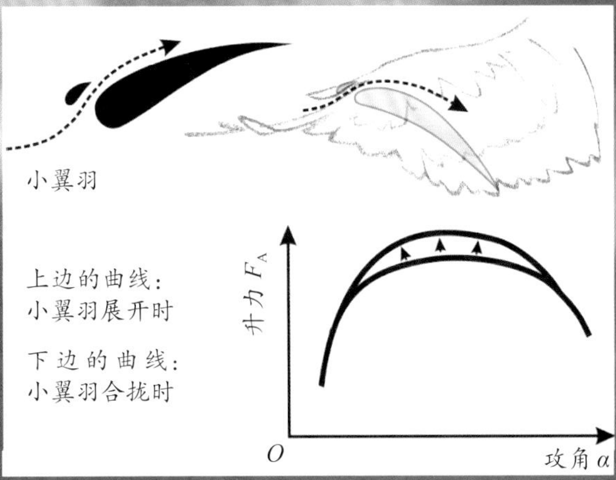

黄脚银鸥（*Larus cachinnans*）

NACHTIGALL W, KEMPF D. Vergleichende Untersuchungen zur flugbiologischen Funktion der Alulaspuria (Daumenfittich) bei Vögeln. I Der Daumenfittich als Hochauftriebserzeuger. Z. Vergi. Physiol, 1973, 71: 326 - 341.

生物力学解释（4）

黄脚银鸥（*Larus cachinnans*）

（7）减速制动面的最佳调整

为了能在飞行时减速降落，鸟类必须迎着飞行的方向挥动翅膀（"主动制动"），或者展开翅膀和尾巴，形成个降落伞面，并且使降落伞的凹面正对着飞行方向。这种结构的阻力系数（C_W）非常大，可以达到 $C_W \geq 1.3$。当鸟类采取这种制动姿势时，它们的小翼羽展开，以防止升力突然下降而造成坠地。通常这种制动姿势可以在鸟类降落前的一瞬间观察到。在降落时形成这种制动表面的常见鸟类包括：乌鸫（*Turdus merula*）和绿头鸭（*Anas platyrhynchos*）。

RÜPPELL G. Bird flight. Van Norstrand Reinhoid Company , 1975.

（8）当翅膀挥至前方时，尾羽展开

如果翅膀向前形成一个很大的制动表面，那么翅膀产生的升力 $F_{翅膀}$ 和其与重心的距离就会产生一个使头抬起的力矩 $M_{翅膀}=F_{翅膀} \cdot s_{翅膀}$。此时，如果鸟类不把尾巴向下伸展以平衡身体的话，它们的头部就会向上仰起。也就是说，尾部的升力 $F_{尾部}$ 通过旋转距离产生一个使头部降低的力矩 $M_{尾部}=F_{尾部} \cdot s_{尾部}$（简化）。如果这两个力矩相反，那么这只鸟就会以稳定的姿态"刹车"。这种力矩的相互作用已经有人在关于黄嘴山鸦（*Pyrrhocorax graculus*）和渡鸦（*Corvus corax*）的研究中描述过了。

（9）翅膀的 V 形

滑翔的鸟类通常会以一定角度向上抬起翅膀，使翅膀保持 V 形姿势。它们通常在攻击、仰攻或者靠近巢时采用这样的姿势进行滑翔。家鸽（*Columba livia*）在降落时，翅膀就会采用这种 V 形姿势。家鸽的滑翔速度很快，但它们的身体总是在轻微地前后抖动，因为它们的飞行有点不稳。然而，它们脉冲式的飞行方式往往足以弥补这种不稳定性。这种姿势对于它们进行攻击和准确降落特别有用。

结论：鸟类摄影的作用并非只是照片"好看"

鸟类飞行的照片可以让我们从生物学和物理学的角度对鸟类进行各种分析。对那些暂时不能给出合理解释的照片，仍然可以激起人们进一步研究的兴趣。鸟类飞行的照片往往是非常漂亮的，但它们的作用绝不仅限于看起来漂亮。它们总是包含着值得研究的科学信息。

KUTTNER J. Über die Flugtechnik einiger Hochgebirgsvögel. Kosmos, 1947, 43: 384-389 .

GARTMANN P W, FEDER J. Fliegen. AT-Verlag Aarau, Stuttgart, 1993.

ETTLINGER R. On Feathered Wings - Birds in Flight. Abrams New York, 2008.

红嘴鸥（*Larus ridibundus*）

收起腿飞行

非洲黑蛎鹬（*Haematopus moquini*）

保持平衡

  这4张照片记录了非洲黑蛎鹬（*Haematopus moquini*）的翅膀在飞行中向下挥动的过程。照片展示了这个过程的中间阶段到结束阶段，在这个过程中翅膀的末端（尖端）向后下方倾斜着挥动。红色的腿（其拉丁名中的 *Haematopus* 的意思是红色的腿）被鸟的身体所遮蔽，这就是为什么腿的颜色在图中几乎看不出来。尽管如此，照片还是清楚地显示出了腿的位置，它们的双腿向后伸直并靠向身体，从而使它们在飞行过程中受到的阻力降至最小。

能一直滑翔吗

地中海鹱（*Puffinus yelkouan*）

地面效应导致鸟类身体不再下降

　　本页图中的地中海鹱（hù）展开翅膀接近水面，然后几乎贴着水面滑翔。这种所谓的地面效应发生在鸟类的躯干、下垂的翅膀和水面之间，它使鸟类的身体不再下降。然而，这种地面效应降低了鸟类的滑翔速度；否则，它们可能会一直滑翔下去。

飞行过程中平衡的保持

向后伸腿飞行

　　火烈鸟伸着脖子和腿飞行的照片最能清楚地展现出飞行过程中的转矩补偿。它们的重心位于躯干中间的胸骨附近，这使它们容易向前旋转。如果本页上图中的火烈鸟在飞行时没有将它们的腿向后伸展，它们的身体将会向前旋转。

火烈鸟求偶行为中的"展翅礼"

保持平衡，避免身体旋转

为了避免身体旋转，火烈鸟必须以一种复杂的方式挥动翅膀，这需要额外的能量。然而，这种平衡补偿能使它们将能量集中用于产生向前的推力和向上的升力上。与其他鸟类相比，它们的飞行肌肉发育得相对较弱。然而，可能是由于它们的平衡飞行能力，火烈鸟的飞行距离仍能达到500千米。

欧洲只有一种火烈鸟

尽管火烈鸟分布广泛，但全世界一共只有6种火烈鸟，只有一种分布在欧洲，即大火烈鸟（*Phoenicopterus roseus*）。大火烈鸟的身高可达1.60米，体重为4千克，是该种类中最高和最重的火烈鸟。它们聚集在巢区，成群繁殖，巢区能为它们提供足够的食物和保护，以使它们免受肉食动物的侵害。当巢区的生存条件变差时，它们可能会长途迁徙去寻找一个新的筑巢地点。由于缺乏适合的筑巢地点，火烈鸟的数量曾一度减少。现在人们已经采取了一些措施保护火烈鸟的繁殖地点，这些措施使卡马格和塞浦路斯的火烈鸟种群数量大幅增加。（译者注：卡马格位于法国东南部，塞浦路斯是位于欧洲与亚洲交界处的一个岛国。）

类胡萝卜素是火烈鸟羽毛呈粉红色的成因

火烈鸟是营养专家，在演化过程中，它们的喙变得非常适合摄食它们喜欢的食物。火烈鸟的喙可以过滤出浮游生物（类似于须鲸过滤食物的过程）。火烈鸟以小虾为食。实际上，这些小虾体内的类胡萝卜素是火烈鸟羽毛呈现粉红色的原因。

壮观的集体婚礼

火烈鸟出生后需要6年才能达到性成熟。为了吸引配偶，它们的求爱表演相当有趣。对页底部的照片展示的是所谓的"展翅礼"。表演这个动作时，火烈鸟伸直脖子，保持不动，同时展开翅膀并将尾羽向上翘起。成群的火烈鸟以这种姿势保持静止不动，持续大约10秒，然后继续进行其他形式的求偶表演。当几百只火烈鸟同时做这个动作时，从远处看，整个鸟群会突然改变颜色。

羽毛中的寄生虫证明了火烈鸟的系统发育关系

分子遗传学的证据表明，火烈鸟与鸊鷉（pì tī，例如凤头鸊鷉和赤颈鸊鷉）存在亲缘关系。在得到分子生物学证据以前，人们已经开始怀疑火烈鸟和鸊鷉之间有一定的亲缘关系，这是因为它们有着相同的羽毛寄生虫（羽虱）。据推测，这些羽虱可能产自火烈鸟和鸊鷉的共同祖先的身上，之后火烈鸟和鸊鷉演化成了不同的物种，而羽虱分别随着它们寄生下来。

JOHNSON A R, CEZILLY F. The Greater Flamingo. T & AD Poyser, London, 2007.

CLAY T. The Phthiraptera (insecta) parasitic on flamingos. (Phoenicopteridae: Aves) J. Zoo, 1974, 172: 483 - 490.

适应随着物种的不同而变化

鸬鹚的"全蹼足"

鸬鹚的骨骼比它的近亲鹈鹕（tí hú）的骨骼要重得多，这是因为鸬鹚骨骼中几乎没有腔隙，所以密度大。这降低了鸬鹚在水中的浮力。鸬鹚（如本页图所示的欧鸬鹚）能够以极高的速度不费力地潜入很深的水中。

"屈体"入水

鸬鹚潜水时很像潜鸭，而潜鸭比普通鸭类要重得多。当鸬鹚俯冲入水时，伸向后方的蹼

足必须尽可能快地进入水中，以便蹼足能够利用俯冲入水的惯性进行第一次划水。

当鸬鹚不用潜水和喂养幼鸟时，人们经常可以看到它们站在杆头、岩石或树枝上，展开翅膀晾干羽毛。鸬鹚是贪婪的食鱼鸟类，渔民经常感慨这个厉害的"竞争对手"竟然受到法律的保护。

欧鸬鹚（*Phalacrocorax aristotelis*）

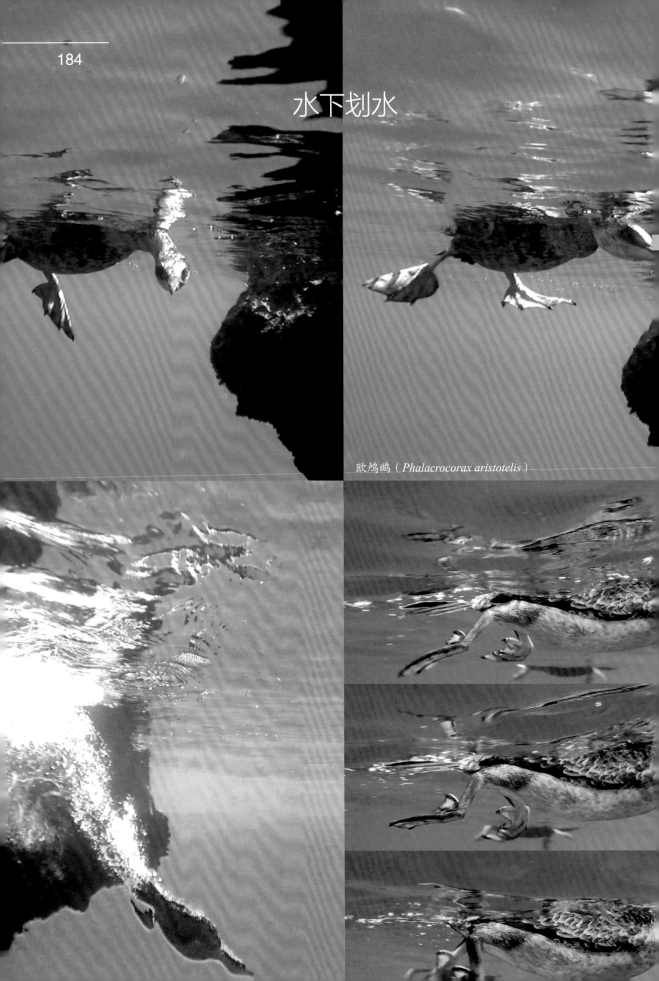

水下划水

欧鸬鹚（*Phalacrocorax aristotelis*）

流线型体形至关重要

潜水时，鸬鹚（本页图中所示仍然是欧鸬鹚）伸长脖子和身体，保持流线型体形，并在水下快速穿行。

它们身体的最厚处位于身体的后部。这和前面提到的红嘴鸥的体形一样，这种形状能够减小阻力。

把腿向前伸

鸬鹚在水下游泳时只利用蹼足划水，而不像鲣鸟那样也使用翅膀来划水。当鸬鹚向前摆腿时，它们会把脚趾间的蹼合拢起来，并靠近身体，以减小阻力。

开始划水

当鸬鹚将脚上的蹼展开时，蹼便成了在水下游泳时非常好用的桨（见本页右侧的照片）。它们脚趾之间的蹼会张开到最大限度，并以最快的速度划水，以产生最大的推力。脚上的蹼总是在其垂直于鸬鹚身体的位置时展开，而在其他任何别的位置展开蹼时，都会产生无用的横向漂移而浪费体力。

最佳的划水方法

这样的划水效果最好，因为划水所产生的推力大小与蹼足和周围水之间的相对速度的平方成正比，并且在划水速度最快时，鸬鹚的划水力量转化为推力时没有任何损失（即没有横向漂移）。

龙虱也采用同样的划水方法

龙虱（Dytiscidae，龙虱科）在用桨状的游泳足划水时也会采用同样的方法，其中的原理是相同的。龙虱的游泳足边缘有游泳毛，可增加推力。在每一次划水时，由于水的压力，游泳毛会自动展开，当游泳足向前摆动时，游泳毛又紧密地合并在一起。豉（chǐ）虫（Gyrinidae，豉虫科）以游泳刚毛代替了游泳毛。这些刚毛在每次划水时像一把展开的扑克牌，这样能更有效地产生推力。（译者注：游泳毛成排排列，细长而柔软；刚毛不成排排列，而且相对要硬些。）

梳理羽毛和求偶行为

尾脂腺

鸳鸯（*Aix galericulata*）是一种起源于东亚地区的鸟类。像其他所有鸟类一样，梳理羽毛对它们有着非常重要的作用。它们与大多数鸟类一样，具有特殊的分泌油脂的腺体，即所谓的尾脂腺。鸳鸯会出于各种原因而拍打翅膀。它们拍打翅膀有时是为了将羽毛抖干净（常在梳理羽毛之后），有时是为了求偶。在秋天，它们会表现出求偶行为，如果没能成功交配，它们的求偶行为可以持续到春天。拍打翅膀时，一排排翼下覆羽会蓬松起来以甩掉水分，平时这些覆羽会彼此紧贴在一起形成紧密的一层。这张照片很好地展现了初级羽毛的依次排列方式。

悄无声息的杀手

猫头鹰不是猛禽

在演化上，猫头鹰是一类非常古老的鸟类。本页图中所示的是一只仓鸮（*Tyto alba*）。尽管其外表与猛禽相似，但它们的亲缘关系并不近。猫头鹰有着非常柔软、松散的羽毛，可以在不发出任何声音的情况下飞行。

它们的羽毛表面光滑如天鹅绒。（译者注：一般观点认为猛禽包括隼形目和鸮形目，隼形目包括鹰、雕、鵟、鸢、鹫、鹞、鹗、隼，鸮形目包括各种猫头鹰。为忠于原文，此处按原文翻译。另外，作者此处提出猫头鹰不是猛禽，可能是从亲缘关系角度考虑的，认为它们与鹰、雕等其他猛禽的亲缘关系较远。但猛禽的划分不是按亲缘关系来划分的，而按照是不是食肉的捕食性鸟类来划分的。）

"抑制"空气湍流

此外，它们的外层飞行羽毛的前缘有像锯齿一样的结构。大的湍流被分解成小的湍流，其影响也被分解，因此湍流的影响被大大地消除。这就是猫头鹰飞行时几乎没有声音的原因。无声的飞行使猫头鹰能够更好地听到猎物的声音，同时能使它们在不被发现的情况下悄无声息地接近猎物。

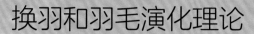

换羽和羽毛演化理论

此外，许多幼鸟必须在换羽以后才能发育为成鸟。在繁殖季节之前，有些鸟类要脱掉旧羽，生长出婚羽。激素的调节一般受到季节循环的影响。无论是哪种类型的换羽，鸟类始终都要保持飞行的能力，即使是在换掉最大的飞羽时仍然如此。许多水鸟，如野鸭、火烈鸟、鸊鷉和鹤类，会一次性地换掉所有的飞羽，因此，它们会在几周内失去飞行能力。通常，在这段时间内，它们会躲藏到天敌无法找到的地方。

像头发一样，羽毛是由角蛋白构成的

羽毛可以保护鸟类的身体不受水和冷空气的影响。而且，羽毛的颜色对于伪装也非常重要，或者完全相反，对于视觉交流非常重要。角蛋白为羽毛提供的韧性非常适应鸟类的飞行能力。虽然羽毛很轻，但羽毛的总质量可能是鸟类身体其余部分质重的两倍。尽管鸟类不断地梳理羽毛，并为之涂上油脂，以免受到寄生虫的影响，但随着时间的推移，羽毛仍然会受到磨损。

换羽造成的缝隙对飞行有不利的影响

观察表明，在换羽时，乌鸦和鸬鹚翅膀上的羽毛会形成很大的缝隙，即便如此，它们仍然能够飞行。然而，经验丰富的观察者会注意到，它们飞行的精细控制能力会下降。这些鸟类会飞得不那么平稳，在空中停留的时间也会更短。曾有人在实验中将鸟

磨损导致羽毛偶尔脱落（换羽）

新羽毛的生长总是受到激素的调节。

类的飞羽绑在一起，通过人工方法在翅膀上形成缝隙，用来模拟正在换羽的鸟类的飞行。结果表明，缝隙改变了翅膀的气流条件，在这种条件下，鸟类飞行需要消耗更多的能量。同样，当羽毛被浸湿时，飞行也需要消耗更多的能量（见本页下图）。

羽毛不是从恐龙的鳞片演化而来的

过去，人们认为在鸟类的演化过程中，羽毛是由恐龙体表的鳞片演化而来的，但是最近有一种假说认为，羽毛和鳞片是各自独立演化出来的。这一假说源于大量的兽脚类恐龙化石的发现，而现代鸟类就是从兽脚类恐龙的一支演化而来的。在羽毛演化的初期阶段，我们发现了很多简单的"丝状物"。随后，兽脚类恐龙的不同分支演化出了不同类型的羽毛。其中一些羽毛类似于现代鸟类蓬松的绒羽，还有一些羽毛具有对称排列的倒钩。其他种类的兽脚类恐龙长出了坚硬的长带状羽毛或长丝状羽毛，这些羽毛不同于现代鸟类的羽毛。

遗传学证据不支持"鳞片起源论"

关于现代鸟类羽毛生长的遗传学研究表明，羽毛不可能从鳞片演化而来。幼鸟的羽毛基板，即羽毛的形成组织，看上去似乎与爬行动物的鳞片的形成组织类似，但是有一个基因突变导致了羽毛原基垂直于皮肤生长，而不是平行于皮肤或与皮肤保持倾斜生长。最初的细丝状羽毛只需稍作转变就能演变成结构复杂的羽毛。此外，还发现了一些恐龙化石 [比如，著名的异齿龙类——孔子天宇龙（*Tianyulong confuciusi*）] 背部的鳞片之间长有丝状的结构。

羽毛为什么演化出来

现生鸟类羽毛的功能并不能为它们的起源提供有用的信息。关于羽毛产生的原因，认为羽毛的产生与提高体温调节能力有关的观点可能是最合理的，这是因为许多恐龙是恒温的——可以维持稳定的体温。因此，羽毛的保温功能一定有助于体温的恒定。根据最新的理论，羽毛也具有排泄鸟类新陈代谢废物（解毒）的作用。鸟类通过食物会摄入一些含硫的氨基酸，而这些氨基酸不能通过消化完全排泄掉。但是，这些氨基酸可以先结合在其他物质（例如羽毛的角蛋白）上，然后再从身体排出去。因此，像爬行动物的鳞片一样，羽毛最初的功能是作为一种"垃圾袋"，后来才开始有了隔热和运动的功能。

STRESEMANN E. Die Mauser der Vogel. Journal fur Ornithologie 107, Sonderheft. Berlin , 1966.

REICHHOLF J H. Der Ursprung der Schonheit. Die biologischen Grundlagen des Asthetischen. VeriagBeck, Munchen , 2009.

鹰类的眼睛

视觉的极限

　　鹰类眼睛视网膜的分辨能力是人类的4倍，因此，鹰类可以从3千米的高空发现地面上的一只老鼠。此外，相对于体形而言，鹰类眼睛的大小是其他同等体形鸟类的1.4倍。在动物界中，它们的视力无人能敌。此外，鹰眼有两个中央凹，这是视网膜上最敏感的视觉点（其中一个朝向侧面，另一个朝向前面）。所以，像人类一样，鹰类可以向前看，而它们的视野和空间感知能力由于多了一个中央凹而显著扩大和增强，这个额外的中央凹让它们可以看清楚两侧的目标。由于鹰类的眼睛具有4~5种类型的视锥细胞（人眼只有3种视锥细胞），它们能更好地感知颜色。然而，到了晚上，鹰类的视力不是很好。

白头海雕（*Haliaeetus leucocephalus*）

猫头鹰的眼睛

　　猫头鹰能够在昏暗的光照条件下捕食，它们的视力非常敏锐，巨大的眼睛约占头部的1/3。这个比例非常大，如果按照这个比例，那么人类的眼睛将有苹果那么大。事实上，猫头鹰眼睛的大小是其他体形大小相近的鸟类的2.2倍。它们两眼视野的重叠部分高达70%，这使猫头鹰的眼睛具有很高的空间分辨能力。猫头鹰视网膜的后面有一个反光层，这使它们的眼睛在夜晚被光线照射时会发光。然而，即使猫头鹰也不能在完全黑暗的条件下看到东西。另一方面，在明亮的光线下，猫头鹰的瞳孔收缩成很小的圆圈，以防止强光对眼睛造成伤害。

雪鸮（*Bubo scandiacus*）

悬停飞行大师

被古老的纳斯卡人所描绘

　　蜂鸟是美洲特有的体形微小的鸟类。神秘的纳斯卡人在秘鲁的沙漠中留下了这种能悬停飞行的鸟类的永久遗迹。隐蜂鸟亚科（Phaethornithinae）的中间尾羽特别长。

西长尾隐蜂鸟（*Phaethornis longirostris*）

色彩斑斓

　　蜂鸟的羽毛由几层极其微小的角质薄片构成。当光线以一定的角度照射这些羽毛时，这些薄片反射的光线便形成了我们眼中蜂鸟丰富的颜色。

HILL G E, MCGRAW K J. Bird Coloration: Mechanisms and measurements. Harvard Univ. Press, 2006.

灵活机动的飞行 —— 以 50 次 / 秒的振翅频率

振翅分析

　　这是一只雌性黑颏（kē）北蜂鸟，它正悬停在五色梅（*Lantana camara*）的花朵上方采食。本页的照片记录到了振翅过程中的 4 个典型位置。本页右上图展示的是翅膀向下挥动的开始阶段，此时，翅膀仍然向上高高地举着。在本页右下图中，翅膀已经进入向下挥动的过程。

　　在本页左上图中，翅膀已经挥动至中间位置，由于照相机角度的原因，左侧翅膀看上去很纤薄。在本页左下图中，翅膀在最下方的转折点处，此时翅膀处于向上挥动的过渡时期，翅尖的区域的动作略微有些"滞后"。像这样完整的振翅过程，每秒可以重复完成约 50 次。

本页图中显示的是棕煌蜂鸟的飞行情况，这些照片的拍摄地点是温哥华岛。这种蜂鸟每年都要飞行数千千米，去到它们位于墨西哥的越冬地。为了节省能量，它们在夜间会进入蛰伏状态。（译者注：蛰伏是指动物通过降低体温、代谢率和呼吸频率，从而降低生理活动的一种状态。）

飞行和潜水能手

嘴是用来"叼鱼"的

北极海鹦的体形只比一般的鸽子稍大一点。它们生活在北大西洋的各个岛屿上，在悬崖上的洞穴中繁殖（照片拍摄于冰岛以北的格里姆塞岛）。它们的流线型身体可以减小飞行时的阻力。它们的嘴（喙）呈三角形，高而侧扁。嘴的边缘有一系列凹槽，这些凹槽让北极海鹦的嘴能同时叼住几条鱼，并且这些鱼是它们一条一条地叼到嘴上的。

耐力持久的飞鸟

本页图中的北极海鹦在冬季栖息于纽芬兰岛（加拿大东部的海岛），那里距离格里姆塞岛大约 2 500 千米。北极海鹦的躯干看起来并不匀称，身体的最厚处位于躯干后部，这有利于减小飞行时受到的阻力。当北极海鹦从水面上起飞时，它们的翅膀必须承受极大的重量，它们会用最大的力量并最大限度地挥动翅膀。有时，它们还会用腿来蹬水把自己推离水面。

特技

翅膀扭转

在鸟类飞行时，从翅膀的基部到末端，翅膀的前缘逐渐向下扭转而越来越低。这种扭转也被称为内转。这个动作可以避免翅膀上表面气流的紊流。

费力地跳跃起飞

为了获得起飞速度，苍鹭（*Ardea cinerea*，见本页上图）先弯曲双腿，然后奋力蹬腿，费力地起飞。起飞时，它们第一次向下挥翅时总是尽可能达到最大幅度。在倒数第三张图片中，我们可以清楚地看到翅膀从基部到末端的扭转情况。在倒数第二张图片中，两翅末端几乎碰到了一起，此时翅膀已经挥动到最大限度。这可能是最费力气的一种振翅形式，费力程度仅次于悬停飞行。

垂直起飞

在本页下图中，大白鹭（*Ardea alba*）只要进行一次有力的振翅，就可以从水面几乎垂直地起飞。在这种情况下，它们的翅膀就像水平螺旋桨一样。

这两组照片的拍摄速度为 30 帧／秒。

长腿

长腿的优点与缺点

演化在使生物的结构与其功能需求相适应时，很少以线性的方式进行。鹭类因为在水边寻找猎物，从而演化出了长腿。它们腿的长度决定了能到达的捕食区域水深的极限。因此，各种鹭鸟根据腿长的不同，划分出了各自的捕猎范围。许多鹭鸟在大树上筑巢。在树枝间穿行时，它们的长腿非常碍事。因此，自然选择必须达到一种平衡，即长腿有利于捕鱼，而短腿有利于在树上繁殖，二者之间必须取得平衡。长着这样一副长长的"起落架"，鹭鸟不可能成为特技飞行的高手。

黑头鹭（*Ardea melanocephala*）
非洲白颈鸦（*Corvus albus*）

大型猛禽挑战大自然的极限

持续以高速度突击捕食

鹗（*Pandion haliaetus*）与金雕完全不同，它们的脚趾下面长有小刺，可以牢牢地抓住滑溜溜的鱼类。当鹗从空中发现水中的鱼类时，它们会先将腿猛地向后蹬出，而躯干则快速前倾，然后再将腿向下伸出。从鱼的角度看，这种鸟类是突然从天而降的高效猎手。在本页图中，鹗持续以大约 25 米/秒（90 千米/时）的高速接近水面，然后对鱼发动了致命一击。对页左侧图显示的是鹗在水面上捕获猎物的过程。鹗首先潜入水中，然后有力地挥舞着翅膀，再次飞起。当离开水面以后，它们会将捕到的鱼的鱼头转向前方，以减小空气阻力。

捕鱼并不总是绝对安全的

有时，由于鱼太大了，爪子又插入得很深，鹗不能及时松开猎物。有人发现一条大鲤鱼的身上挂着一具鹗的骨骼，这证明了这种悲剧曾经发生过。

惊人的平衡感

不仅只有小型鸟类擅长保持平衡，大型鸟类也是保持平衡的高手。在本页右侧图中，一只鹗降落在了气象站的顶部。这只鹗顶着风保持着身体的平衡，它努力地将身体的重心置于双脚的正上方，并通过不断扭动身体以保持稳定。

俯冲而下

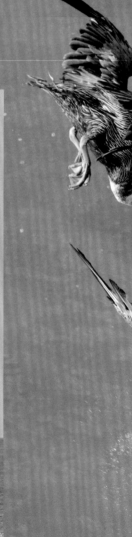

在最后 0.1 秒内完成 90 度转向

本页右侧图展示的是鹈鹕潜入水中的细节——在最后一刻才开始转体（就像第 28 页中的黄喉蜂虎一样）。它的速度比本页左侧图中的俯冲速度要慢得多。

不仅靠重力加速

通常从速度为零开始自由下落时，下落 10 米高度所需的时间约为 1.5 秒。然而，这只鹈鹕只用了一半的时间就俯冲下降了相同的距离（这 8 张照片的拍摄间隔为 1/12 秒，整个过程用时约为 0.75 秒）。这是因为鹈鹕主动加速俯冲入海。它最初以 8 米/秒的速度俯冲，然后加速到 15 米/秒（约 55 千米/时）。

寻找食物与竞争

本页上图展示了鹈鹕俯冲入水的阶段。在下图中，两只鹈鹕正在进行一场激烈的战斗。本页图中没有显示鹈鹕在水下潜水的阶段。

一个成功的物种

平稳降落

对页上图：鸽子的降落过程看似简单，实际上想要仔细分析这一过程，就必须要利用计算行为学和空气动力学的方法。

鸽子在腿部触地前，会最后向下挥动一次翅膀，这可以起到有效的刹车作用。此时，翅膀、尾羽和小翼羽完全展开。在对页上图倒数第三张图上我们可以清楚地看到，在最后一次向上挥动翅膀时，它右侧翅膀末端的羽毛是分开的。这些羽毛中的每一根都会贡献一定的升力作用，从而防止鸟体过快坠地。

突然变得急躁起来

对页下图：鸽子通常被认为是一种温和的动物，但有时它们也会变得很冲动，特别是在争夺交配权和领土时。在这两种情况下，它们的翅膀都会充分发挥作用。

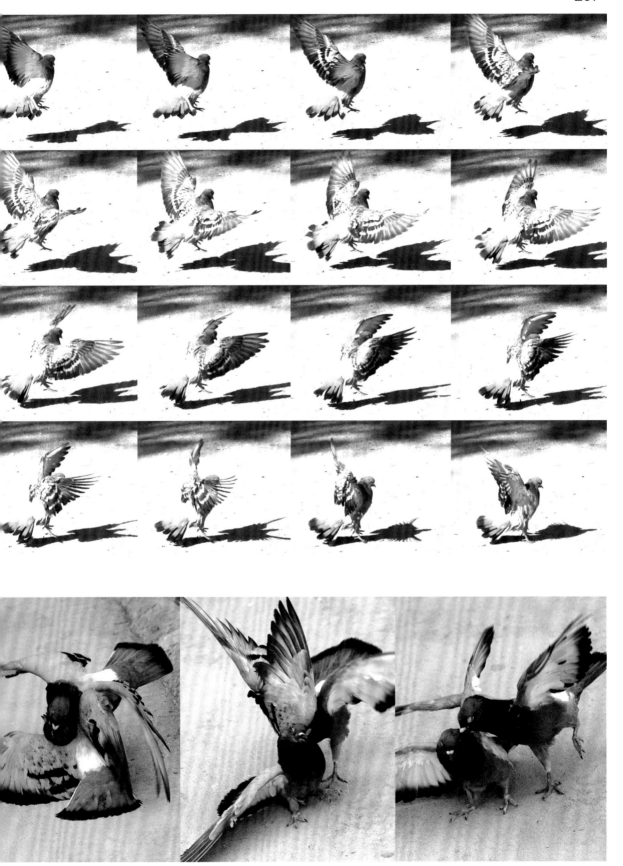

第 7 章　蝙蝠

飞行的哺乳动物

    仅仅在大约 5 000 万年前，蝙蝠才飞向天空。昆虫在空中飞行的历史是蝙蝠的 7 倍，而鸟类在空中飞行的历史是蝙蝠的 4 倍。翼龙在中生代末期气候剧烈变化的时候就已经灭绝，但它们占据空中的时间长达 1.7 亿年之久。通过回声定位，蝙蝠可以在黑暗中自由穿行。

蝙蝠和它们飞行能力的演化

唯一具有主动飞行能力的哺乳动物

蝙蝠 [翼手目（Chiroptera）] 是哺乳动物中唯一演化出主动飞行能力的动物。在传统分类上，它们被分为两个亚目：小翼手亚目（Microchiroptera，又称小蝙蝠亚目）和大翼手亚目（Megachiroptera，又称大蝙蝠亚目）。小翼手亚目在世界各地都有分布。大翼手亚目主要分布于撒哈拉以南的非洲地区，尼罗河谷向北至埃及地区，东南亚到澳大利亚北部地区。但是，有一种原本分布在埃及北部地区的大翼手亚目的蝙蝠，现在也出现在地中海以东的地区（例如塞浦路斯）了。

小翼手亚目蝙蝠用超声波导航

蝙蝠是夜间活动的飞行动物，它们只能通过超声波导航，而超声波的频率可以达到 10~140 千赫，甚至高达 200 千赫。它们的叫声通常由 5 种或更多种不同的声音组成，持续时间大约从 0.01 秒到 1 秒不等。成年人通常能听到的声音频率为 16 赫兹到 18 千赫，因此我们只能听到蝙蝠低音部分的叫声，这部分声音有如昆虫的鸣声。蝙蝠探测器可以让人类的耳朵听到蝙蝠发出的超声波，它能将超声波转换成人类听觉范围内的低频声波。大翼手亚目的蝙蝠一般不会发出超声波。只有埃及果蝠会借助自己发出的嘀嗒声在洞穴中实现空间定位。大翼手亚目的蝙蝠主要在清晨和黄昏时分活动，依靠视觉进行导航。它们有着相对较大的眼睛——明显比小翼手亚目的蝙蝠的眼睛大。大翼手亚目的蝙蝠吃水果或舔食花蜜，而小翼手亚目的蝙蝠主要以昆虫为食。然而，在小翼手亚目的蝙蝠中，有一些体形相对较大的种类，它们会捕食青蛙、鱼类和小型哺乳动物，甚至吸食血液 [如吸血蝠属（Desmodus）]。

蝙蝠拥有独一无二的翅膀

在美洲的热带地区，叶口蝠科已经演化出了几个特有的属，其中一些以水果和花蜜为食。

蝙蝠翅膀的形态结构在飞行动物中非常独特。它们的翼膜位于第 2 到第 5 指之间，通常一直延伸到后腿。小翼手亚目蝙蝠的翼膜甚至一直延伸至尾部，形成尾翼膜。大翼手亚目蝙蝠的尾巴很短，最多只有一个很小的尾翼膜。小翼手亚目蝙蝠只有一个爪，长在拇指上（即第 1 指），而大翼手亚目蝙蝠的第 2 指上还长有另外一个爪。这些爪子能让蝙蝠攀附在物体的表面，并在行走时保持稳定。蝙蝠总是在飞行过程中发现猎物，并在飞行翼膜的帮助下捕捉它们。

蝙蝠化石

为了探究蝙蝠在演化的历史上何时出现、何时以及如何开始飞行，我们只能依靠化石的发现。作为主动飞行的哺乳动物，被保存下来的蝙蝠化石很少。一个例外是在德国黑森州的达姆施塔特附近的梅塞尔化石坑中，那里有许多来自始新世中期的化石。在这个世界自然遗产地人们发现了来自 4 个不同科的约 700 种蝙蝠化石。

从这些蝙蝠化石胃中的食物、内耳和飞行器官中，可以得出一些关于它们

昭短尾叶鼻蝠（*Carollia perspicillata*）

生活情况的信息。根据它们的牙齿和身体的形态我们可以判断，这些蝙蝠是最原始的蝙蝠，属于初蝠科（Archaeonycterididae）[包括初蝠属（*Archaeonycteris*），例如三角齿初蝠（*Archaeonycteris trigonodon*）]，它们具有短而直的前臂，在食指上有一个爪。迄今为止发现的约700种蝙蝠化石，在各种空气动力学参数方面的表现均与现生蝙蝠相似，例如翼形和翼载等。

昭短尾叶鼻蝠几乎完全依赖超声波导航（完全夜间飞行）。
狐蝠在白天活动，活动的高峰期在晨昏时刻。它们用眼睛代替超声波进行视觉导航。

印度狐蝠（*Pteropus giganteus*）

原始蝙蝠和"现代蝙蝠"

5 200万年前的原始蝙蝠

2003年，人们在美国怀俄明州发现了一种不为人知的蝙蝠化石，即芬尼爪蝠（*Onychonycteris finneyi*）。这个化石中的蝙蝠最引人注目的地方在于它的翅膀骨骼非常短。也就是说，它的"手"比所有已知的小翼手目蝙蝠、大翼手目蝙蝠和迄今所有已发现的蝙蝠种类化石的"手"都要小得多。这种蝙蝠是现代蝙蝠的先驱。（译者注：关于学名 *Onychonycteris finneyi*，这是一个新属，即爪蝠属。）

最古老的"现代蝙蝠"

来自森根堡研究所的古生物学家们对在梅塞尔化石坑中发现的蝙蝠化石进行了多年的研究后，获得了众多惊人的发现，但是这些来自德国的蝙蝠化石距今只有500万年左右，这个时间太短，它们并非蝙蝠的原始类型。

最古老的大翼手目蝙蝠的化石仅可以追溯到渐新世（距今约3 400万~2 300万年），例如在意大利发现的一种蝙蝠化石（*Archaeopteroptus transiens*）；而另一个发现则来自于非洲的中新世（距今约2 300万~500万年）的地层中。

昭短尾叶鼻蝠（*Carollia perspicillata*）

飞蛾的适应

蝙蝠的演化对昆虫的进一步发展有相当大的影响。所有夜间活动的昆虫都要面对蝙蝠这一强大的捕食者，而后者能用超声波探测到猎物。作为对这些新环境的"演化反应"，几乎所有的蛾类都长有特殊的"耳朵"，即所谓的鼓膜或鼓膜器官，这使它们能够听到蝙蝠的叫声。有些蛾类的翅膀演化成特殊的形状，使蝙蝠更难探测到它们。

翅膀和超声波哪一个先出现

对于这个问题，人们已经思考了很长时间。为了找到答案，必须对已经发现的蝙蝠化石进行仔细的研究。

耳蜗必须适应超声波

第三纪早期的蝙蝠化石表明，这些动物已经具备了飞行能力，因为它们的翅膀与现生蝙蝠几乎没有区别。对于它们能否通过超声波人导航的问题，可以通过对它

们内耳中耳蜗的测量进行研究。在这些蝙蝠化石中，耳蜗均被完好地保存了下来。具备超声波识别能力的耳蜗与大翼手目蝙蝠的耳蜗在形状特征上明显不同，而后者不能检测超声波。

化石提供的信息

由于始新世的蝙蝠化石保存完好，人们利用 X 射线可以对其内耳的详细结构进行重建。结果表明：始新世的蝙蝠［比如爪蝠属（*Onychonycteris*）］只能使用低频回声进行空间定位，这是不能满足飞行捕猎需要的。

菊头蝠和其他蝙蝠

超声波导航是多次演化而成的吗

　　相关的分子遗传学的分析已经证明，与其他蝙蝠相比，菊头蝠科与狐蝠科的亲缘关系较近。也就是说，它们和狐蝠有共同的祖先。从这些结果来看，要么是狐蝠失去了用超声波导航的能力，要么是菊头蝠和其他蝙蝠彼此独立地发展出了超声波导航能力。

超声波：菊头蝠与其他蝙蝠

　　菊头蝠发出的超声波频率很高，而且它们的叫声较长（几毫秒），并且保持恒定的频率。其他蝙蝠发出的叫声主要是低频超声波，并且频率可以改变(范围较小，但正好适合捕食飞行昆虫)。菊头蝠的超声波叫声由鼻子发出，它们的鼻孔周围形成了褶皱结构，像马蹄形，因此它们又被称为马蹄蝠。这些褶皱可以起到控制超声波传播方向和集中声波的作用。其他蝙蝠用嘴发出超声波叫声。所有这一切都证明了菊头蝠已经独立地演化出了不同于其他蝙蝠的超声波导航能力。

蝙蝠的翅膀是怎样演化出来的

　　迄今为止还没有发现任何过渡性的化石可以作为任何演化中间阶段的证据，因此，关于蝙蝠的翅膀是如何演化出来的问题仍然没有答案。发育遗传学研究至少揭示了哺乳动物的前肢演化成翅膀的机制：蝙蝠飞行翼膜的发育和指骨功能的改造都可以通过基因表达调控过程的简单改变来实现。这个变化过程涉及的一些次要特征（例如肌肉、神经和血管），可以随着主要结构的变化而自动生长和重组。前肢结构改变并获得飞行能力可以在较短的时间内实现。因此，缺乏过渡形式的化石也就不足为奇了。

SIMMONS N B, SEYMOUR K L, HABERSETZER J , et al. Primitive Early Eocene bat from Wyoming and the evolution of flight and echolocation. Nature, 2008, 451: 818 - 821.

DIETZ C, VON HELVERSEN O, NILL D. Handbuch der Fledermause Europas und Nordwestafrikas. Kosmos Naturführer, 2007.

有正常鼻子的普通伏翼
（*Pipistrellus pipistrellus*）

马铁菊头蝠（*Rhinolophus ferrumequinum*）

JONES G, TEELING E C, J ROSSITER S. From the ultrasonic to the infrared： molecular evolution and the sensory biology of bats. Frontiers in Physiology, 2013, 5 (4) : 1 - 16.

SMITH T, RANA R S, MISSIAEN P, et al. High bat (Chiroptera) diversity in the Early Eocene of India. Naturwissenschaften , 2007, 94 (12): 1003 - 1009.

用耳朵"看"世界

蝙蝠的叫声频率处于超声波范围内

小翼手亚目蝙蝠都会利用超声波叫声帮助定位。这些用嘴发出的叫声是回声定位的特殊形式。它们主动发出声波，然后接收回声，帮助自己在空中定位。1793 年，意大利人拉扎罗·斯帕兰扎尼第一次观察到被蒙上了眼睛的蝙蝠能够在完全黑暗的条件下飞行。一年后，瑞士人路易斯·朱林在一项实验中证实，蝙蝠的耳朵一旦被堵住，它们就无法在黑暗中飞行了。两位科学家都得出了蝙蝠在夜间利用听觉定位的结论。它们发出声波，声波被周围的物体反射回来后被它们的耳朵接收。

大脑对回声信息的处理

蝙蝠的大脑将收到的超声波信息处理成周围环境的图像，并确定自己相对于附近物体的位置。因此，可以说蝙蝠是在用耳朵进行观察。之所以利用在超声波范围内的高频声音，是因为超声波可以被较小的物体反射，具有更高的分辨率。因此，蝙蝠能够感知它们自己的高频叫声。物体的相对位置可以由两个基本参数决定，即距离和方向。声波在空气中的传播速度大约为 330 米 / 秒。利用发出叫声和接收回声的时间差，蝙蝠可以计算出与物体的距离。

科包含的种类繁多，从捕食昆虫的种类到捕食小型哺乳动物的大型食肉种类 [如美洲假吸血蝠（ *Vampyrum spectrum* ），其翼展可达到 1 米，是最大的小翼手亚目蝙蝠]。只有产于非洲和南亚的少数几种大翼手亚目的蝙蝠比它们长得大，如印度狐蝠，翼展近 170 厘米。在叶口蝠科的蝙蝠中，除了吃昆虫和小型哺乳动物的种类以外，还有专门吃鱼的种类 [例如兔唇蝠属（ *Noctilio* ）]、吸血的种类 [例如吸血蝠属（ *Desmodus* ）] 以及吃水果或花蜜的种类 [例如长舌叶口蝠亚科（ Glossophaginae ）]。

植物和昆虫对蝙蝠的适应

蝙蝠精确的空间定位和物体识别能力令人类非常惊讶。叶口蝠科的有些种类能在花朵前悬停飞行，像蜂鸟一样取食花蜜。它们不仅可以利用气味来寻找花朵，也可以通过回声定位来发现花朵。为此，有些花朵已经演化出特殊的超声波反射器，以使蝙蝠更容易找到它们。一些经常被蝙蝠捕食的昆虫演化出了对蝙蝠的适应能力，它们可以探测到蝙蝠的超声波叫声，从而快速地降落到地面上，以逃避蝙蝠的捕食。这其中就包括许多蛾类，它们已经发展出特殊的鼓膜器官，以此充当"耳朵"来侦听蝙蝠的叫声。

蝙蝠发出的超声波的频率对我们来说太高了

蝙蝠用来回声定位的声音是由喉部发出的，频率范围为 8~160 千赫，依不同种类而有所不同。这些叫声的频率大部分超出了我们的听力范围。这些叫声由喉部发出后，有些通过嘴传出，有些则通过鼻子传出 [例如菊头蝠科（ Rhinolophidae ）]。菊头蝠的鼻子长有特殊的褶皱，可以聚集声波。为了有效地回收声波，蝙蝠长有巨大而灵活的耳廓，以及可以活动的耳屏。（译者注：耳屏是耳孔前缘的一个突起结构。）对于物体相对于蝙蝠的垂直位置，可以靠耳屏来帮助判断，也可以通过竖起或垂下耳廓来判断。蝙蝠的超声波可以适应不同距离的猎物。为了探测到远距离的猎物，它们会延长叫声的持续时间，但超声波的频率范围很窄。而对于近距离的目标，它们发出的超声波的频率范围较宽，并且叫声的持续时间不超过 5 毫秒。这些超声波能让它们准确地定位目标的位置。这类蝙蝠也被称为 FM（调频）蝙蝠。有的蝙蝠只会发出频率恒定的叫声，被称为 CF（恒频）蝙蝠。

叶口蝠科的种类——从"吸血鬼"到食水果者

本页中的蝙蝠属于叶口蝠科（ Phyllostomidae ），它们分布于美国南部、中美洲和南美洲。这个

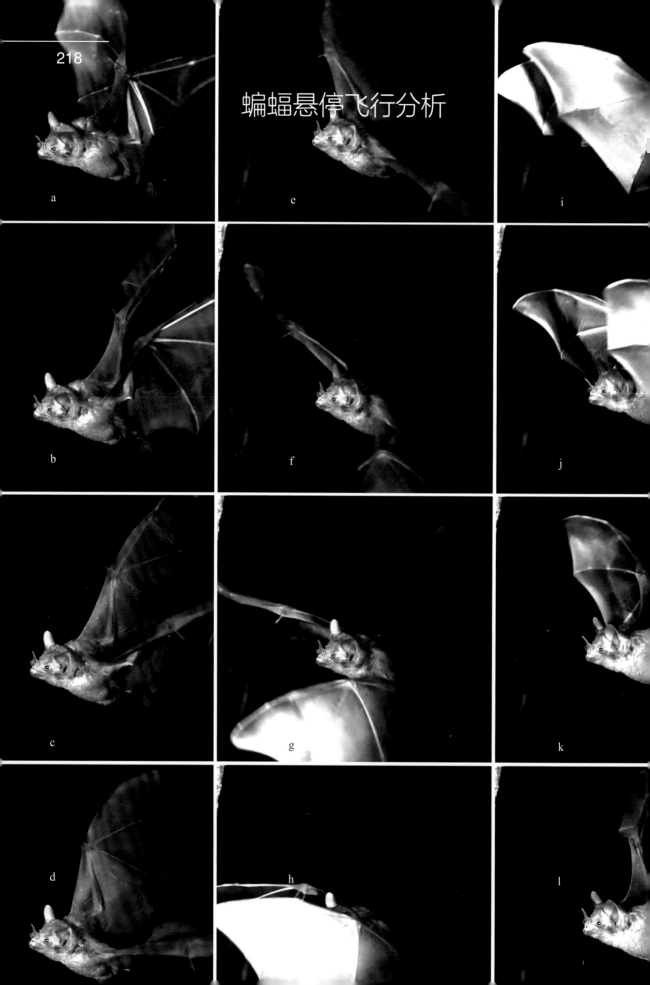

218

蝙蝠悬停飞行分析

一个完整的振翅周期（1/11秒）

这两组图片记录了昭短尾叶鼻蝠（*Carollia perspicillata*）在飞行时的一个完整的振翅周期。图片分别是从侧面（左侧）和前面（右前侧）拍摄的。翅膀从背部上方向腹部前下方挥动，然后再以不同的轨迹挥动到背部上方。对页图中标注的字母序号也适用于右侧图片。拍摄速度为120帧/秒，一个振翅周期持续的时间为11/120秒（即约1/11秒），小型鸟类在喂食盘上方悬停飞行时，振翅频率是蝙蝠的两倍；有些小型蜂鸟的振翅频率甚至是蝙蝠的5倍。蝙蝠柔弱的翼膜的翼载荷很低（译者注：翼载荷是指翅膀单位面积的载重），但巨大的翼面积弥补了其振翅频率低的不足。

翅膀从最高的转折点开始向下挥动

在图a和图b中，翅膀在身体上方最高处开始向下挥动，图i是向下挥翅过程结束时的状态。在上方转折点处向下挥动时，翅膀开始产生升力。图c到图h是向下挥翅的过程。向上挥翅的过程从图中i开始，到图l结束。也就是说，翅膀上挥时间比下挥时间稍短一些。此外，在翅膀的上挥和下挥过程中，翅膀的形状和运动轨迹明显不同。

向下挥翅的过程很容易理解

正如人们所预料的那样，在翅膀下挥的过程中气流作用于翅膀的下表面。气流的压力施加于手指之间的翼膜上，导致翼膜略向上膨起，很快翼膜就完全展开。在翅膀下挥到在腹面最低处时，两个翅膀几乎碰到一起——只是非常靠近，实际上并不相互触碰。在每一次翅膀向下挥动的中间阶段，即当翅膀在蝙蝠躯干两侧垂直地展开时，产生的升力最大。翅膀末端稍微向上弯曲，这是受到强烈的气流作用的结果。

翅膀向上挥动时气流不相同

因为翅膀向上挥动时气流作用于上表面，这和翅膀下挥时翅膀周围气流的情况有很大不同。当翅膀向上挥动时，翅膀靠近身体的部分以一定的角度先向上运动，然后翅膀的外侧越来越向内折叠而向身体靠近。这看起来可能很奇怪。此时，翅膀仍然可以产生升力，这是由翅膀的角度造成的。但是，此时的升力并不像在下冲时那样理想。这就解释了为什么翅膀在上冲过程中翅膀要依靠其尖端部分来增加升力。

像甩鞭子一样

翅膀末端的1/3部分在挥翅时总是相对滞后于其他部分，这为蝙蝠提供了更大的升力。如果翅膀保持一定的倾斜角度，

它们可以运动得更快。由于升力与气流速度的平方成正比，这种飞行姿态的效率非常高。这让我们联想到鸟类翅膀末端的初级羽毛，气流也是以一定的角度作用于这些分开排列的飞羽的。观察低速飞行的海鸥时，可以清楚地看到这一点（见第58页）。它们也展示了这种"甩鞭子"一样的飞行模式。因此，演化产生了一种似乎普遍适用的机制。

PRIGG M. Watch a fruit bat fly and a hummingbird hover:Hypnotic animations reveal exactly how different animals take to the skies, 2016.

并非所有蝙蝠都在夜间活动

狐蝠发达的视力

狐蝠（大蝙蝠亚目的通称）通常在黎明与黄昏时分活动，经常在天刚亮时便开始飞行寻找食物。与纯粹在夜间活动的蝙蝠不同，它们长有一对大眼睛，依靠视觉来寻找目标。

防雨

本页上图：东南亚的犬蝠（*Cynopterus sphinx*），只有约10厘米大小，通常聚集成小群睡觉。它们咬断棕榈叶的中央叶脉，使叶子下垂，形成一个封闭的空间，以此作为它们的巢，它们栖息在其中以躲避雨水。

成大群生活

本页下图：狐蝠（图中是狐蝠科的一种）有时也被称为果蝠或旧大陆果蝠。它们在一天中的大部分时间都成群地栖息在大树上，并从这里飞出寻找食物。

印度狐蝠（*Pteropus giganteus*）

交配时非常直接

在狐蝠种群中，雄性狐蝠在选择雌性配偶和进行交配时都显得非常直接和生硬（见本页上图和第 93 页下图）。

爪的两种功能

蝙蝠脚趾上的爪的作用是握住树枝。在飞行过程中，翅膀的第二手指和爪是伸直的，而不是屈起来的，这会在边界层产生更多湍流，使气流更容易分离。（译者注：边界层是指空气或水等流体绕物体流动时紧贴在物体表面的薄层。）

NEUWEILER G. The Biology of Bats. Oxford: Oxford University Press, 2000.

利用舌头的敲击声进行回声定位

唯一一种勉强算是欧洲的狐蝠

埃及果蝠（*Rousettus aegyptiacus*）是埃及和阿拉伯半岛的"原住民"，但现在也可以在塞浦路斯找到了。它们的身体长度为 15~17 厘米，与其他种类的狐蝠相比，它们的体形只能算中等大小，但它们的体形仍然比所有的欧洲小翼手目蝙蝠都要大。

敲击声呐类似于小翼手亚目蝙蝠和海豚的回声定位

埃及果蝠因其在洞穴中利用舌头的敲击声来进行回声定位而闻名。这种主动的回声定位技术（敲击声呐）通过舌尖在口腔中敲击发出声波，然后通过处理反射回来的回声进行定位。这与小翼手亚目蝙蝠和海豚的回声定位不同，后两类动物是用声带产生超声波，而不是舌头。这种类型的定向导航可以在盲人身上观察到。（译者注：指盲人用木棍敲击进行导航行走。）

对页下图：一只小蝙蝠不小心飞落到地面上，现在它要花一点时间将身体恢复到倒挂姿态，这样它才能够快速而不费力地飞起来。这张照片清楚地显示了它后肢之间的尾翼膜，尾翼膜在飞行的过程中起到精确控制方向的作用。

RICHARD A, HOLLAND, EAN A D, et al. Echolocation signal structure in the Megachiropteran bat Rousettus aegyptiacus Geoffroy. Journal of Experimental Biology, 2004, 207: 4361 – 4369.

第 8 章　魅力依旧

飞行：一个永远令人着迷的主题

　　动物能飞翔于蓝天的事实总是对人类产生巨大的吸引力。今天，生物物理学的知识已经让我们能够理解和分析这一事实。为了利用好每一个可能的生存空间，在生态位的驱动作用下，生物表现出了惊人的演化能力，并把这种能力发挥到了极致，一步一步地从一个里程碑走向另一个里程碑。

从摇篮到坟墓

尽可能分散地产卵

　　为了产卵，热带雌性凤尾蝶经常飞到适合其幼虫生活的宿主植物上，它们一般每次只产一两个卵。为了避免一片叶子上有过多的卵，

雌性凤尾蝶会首先检查叶子，看看上面是否有其他雌蝶产的卵。因此，这些卵会被分散地产在广泛的区域内，这降低了幼虫孵化后被捕食者吃掉以及被寄生虫感染的风险。

一只小蟹蛛

　　一只蟹蛛的出现对蝴蝶来说可能意味着死亡。在本页图中，一只具有伪装色的蟹蛛藏身于花朵之下伺机捕猎蝴蝶，等待在合适的时机抓住猎物并咬死它。它们的螯肢具有剧毒。

长喙与长花距的军备竞赛

鹰蛾利用超长的喙保持与花的距离

甘薯天蛾（*Agrius convolvuli*）是最大的鹰蛾类之一，和其他鹰蛾一样，它们悬停在花朵上方采食。为了吸食到深藏于花距（译者注：花距是指某些植物花瓣向后或向侧面延长成的管状、兜状等形状的结构。花距里面通常有腺体结构，腺体分泌的蜜就储存在花距里，昆虫为了吸食蜜，要具有长度适合的喙。）中的花蜜，它们的喙可长达 10 厘米，最长可达 14 厘米，几乎等于它们的翼展。因此，它们不必为了采食花蜜而太靠近花朵，从而避开躲藏在花朵之下的蟹蛛。

花距变得更长，迫使鹰蛾靠近

然而，许多花（例如热带的兰花）需要昆虫飞得很近才能成功授粉。结果，花朵演化出了越来越长的花距，这迫使鹰蛾不得不靠近才能吃到花蜜。这反过来又促使鹰蛾的喙变得越来越长。非洲长喙天蛾（*Xanthopan morganii*）是分布在非洲大陆和马达加斯加岛的一种鹰蛾，通常被称为摩根天蛾，它们因长有长达 26 厘米的喙而闻名。在达尔文时代，非洲长喙天蛾还没有被发现，但达尔文观察到了大彗星风兰（*Angraecum sesquipetale*）的花距长达 28 厘米，因此达尔文猜测一定有一种蛾类的喙足够长，能够采食到花蜜，同时为这种兰花传粉。

长距离高速迁徙

　　甘薯天蛾分布于地中海南部地区、非洲热带地区和亚洲。然而，每年这种鹰蛾都会进行长距离迁徙。从 5 月开始，它们便会出现在欧洲北部地区。随着强劲的顺风，这种鹰蛾的飞行速度可达 100 千米 / 时。在没有风的情况下，鹰蛾的飞行速度也可以达到 60 千米 / 时，也算得上是非常快的飞行速度了。

KRITSKY G. Darwin's Madagascan hawk moth prediction. Amercan' Entomologist, 2001, 37: 206 - 210.

WASSERTHAL L T. The Pollination of the Malagasy Star Orchids Angraecum sesquipedale, A. sororium and A. compactum and the Evolution of the Extremely Long Spurs by Pollinator Shift. Botanica Acta, 1997, 110: 343 - 359.

WASSERTHAL L T. Angraecum-Orchideen und langrüsslige Schwärmer, Bestäubung und Evolution. Die Orchidee, 2015, 66 (3): 175 - 181.

"可爱"的捕食者

在昆虫中，豆娘形成了一种独特的交配方式。首先，雄虫用它们腹部末端的抱握器抱住雌虫的脖子。一旦抱住，雌虫就难以逃脱了。雌虫则会将腹部弯曲到雄虫腹部前端，使自己的生殖孔与雄虫第二腹节上的交配器相接。这一对豆娘形成了心形的交配环，就像图中所示的那样，两只白腿豆娘（*Platycnemis pennipes*）正在交配。在此之前，雄虫必须将精子先传送至第二腹节（译者注：精子之前位于第九腹节内），以保证能顺利地将精子输入雌虫的生殖孔内。

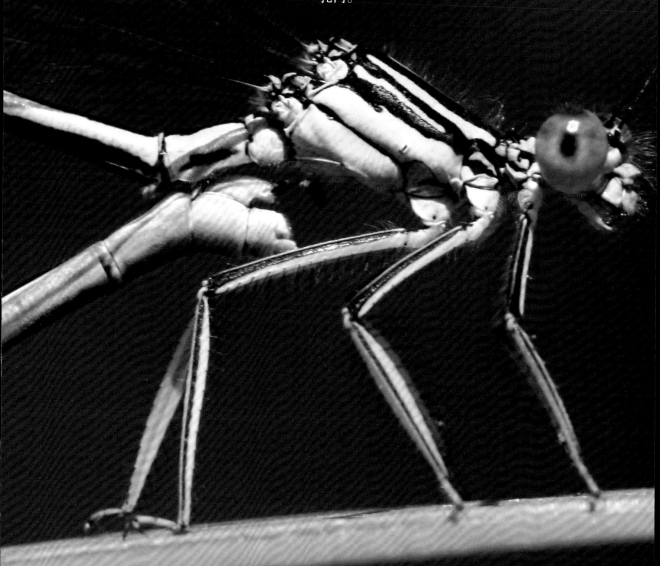

PFAU H K. Functional Morphology and Evolution of the Male Secondary Copulatory Apparatus of the Anisoptera (Insecta:Odonata). Zoologica, 2011, 156.

高手过招

在炎热的正午最活跃

对动物摄影师来说，在炎热的正午观察忙碌的昆虫是会有收获和回报的。然而，你必须随时准备好迅速拍照：许多激动人心的场景就发生在转瞬之间。

本页左图：一种壁泥蜂（*Sceliphron*）正落在一朵花上，另一只壁泥蜂突然出现，快速靠近第一只壁泥蜂。这两只壁泥蜂看似要进行一场交战。然而，在大多数情况下，它们只是过来查看并弄清楚对方是雌蜂还是竞争对手。

1/6 秒

在本页右图中，很明显，两只麻蝇（Sarcophaga）正在注视着对方。相机的拍摄速度为 12 帧 / 秒。在下一张图中，两只麻蝇已经混战在一起了（底部靠左）。再过 1/12 秒之后（底部右下方），在图中几乎已经看不清双方谁是谁了。

交配仪式

在本页左侧的照片中，两只苍蝇正在表演一场求爱舞蹈，整个过程大概持续了 10 秒钟。首先，它们并肩而立，然后彼此深情凝视，最后进行交配。

俯冲潜水，犹如刀尖上起舞

翅膀收拢形成有力的导向作用

俯冲入水的准备阶段：这只蓝脚鲣鸟先把翅膀向内收拢，翅膀形成了大写字母 M 的形状。在这个过程中，平行的翅膀起到控制方向的作用。翅膀的上臂骨（肱骨）通过下臂骨（尺骨和桡骨）与愈合的手部骨骼（腕、掌、指）灵活地连接。当肌肉牵引翅膀向躯干收拢时，翅膀的末端会自动收拢并与躯干保持平行。

翅膀触水

鸟类的翅膀与水接触其实对它们非常不利，但蓝脚鲣鸟并不在意，因为它们的羽毛上涂满了油脂。

蓝脚鲣鸟（*Sula nebouxii*）

入水的瞬间异常危险

　　蓝脚鲣鸟不断收拢翅膀，直到它们的形状变得像一颗子弹一样，类似于俯冲时的游隼（见第 72 页）。蓝脚鲣鸟的尾羽展开到最大限度，因为这样才能确保在入水时身体保持在一条直线上。只要微有弯曲，就有可能会导致颈椎折断。在入水前的一瞬间，蓝脚鲣鸟的颈部肌肉绷紧，使颈椎得到保护。

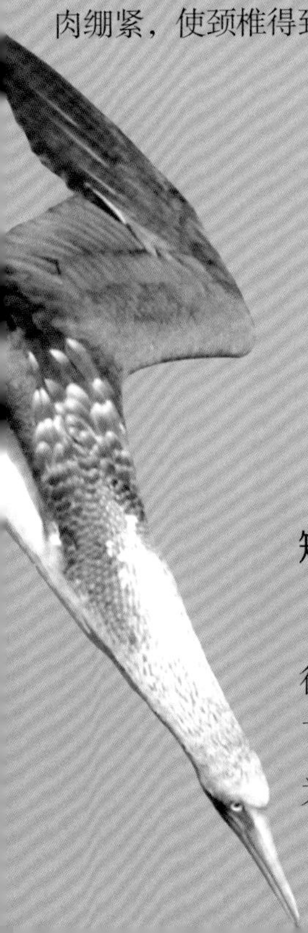

短距离原地飞行时的大角度振翅

　　在本页上图中，可以清楚地看到蓝脚鲣鸟翅膀上的几处覆羽向上翘起。飞行时，气流分离点从后向前移动，但是翘起的羽毛避免了气流紊乱，从而避免了鸟体的突然下坠。我们还可以从图中看到，在飞行过程中，它把脚蹼展开作为飞行面使用。

仔细观察就会有意外惊喜

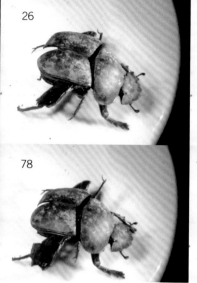
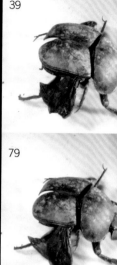

圣甲虫的起飞（拍摄速度为 250 帧 / 秒）

上面的第一排照片分别是第 0、13、26 和 39 张照片（也就是说，这一排照片拍摄的时间间隔约为 1/20 秒）。在这段时间内并没有看出太多的变化：圣甲虫的翅膀伸出了一半在身体外面。中间停顿了大约 1/6 秒时间。从第 76 张照片开始（也就是翅膀第一个动作之后的 0.3 秒，第二排第一张图），还未完全展开的翅膀终于开始剧烈地上下振动，振翅速度高达 125 次 / 秒。

下面的两排图片分别是第 82 到第 89 张照片（时间跨度仅为 1/30 秒）。在第 82 到第 85 张之间，翅膀完全展开，翅膀继续以 125 次 / 秒的速度振动。从第 86 到第 89 张，这只甲虫已经飞了起来。对页分别是第 98 张和第 100 张照片（翅膀第一个动作以后 0.4 秒），此时甲虫飞离地面 1 厘米高。

一般昆虫的翅膀要完全展开后才开始挥动

在对页中，欧洲深山锹甲（*Lucanus cervus*）就是如此。然而，对于圣甲虫这个种类，则是先挥动翅膀，然后翅膀才完全展开，这是非常少见的。振翅时产生的离心力促使翅膀外缘的 1/3 部分迅速展开。

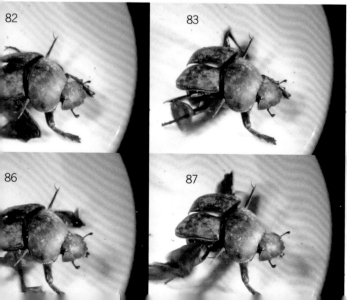
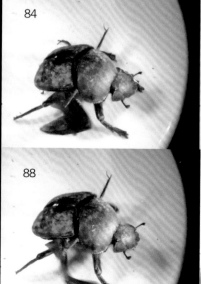

展翅欲飞

欧洲深山锹甲起飞准备需要更长的时间

  欧洲深山锹甲的鞘翅一旦展开，略微延迟一会之后，膜翅就展开了。然后，这只甲虫似乎僵住了，在一个短暂的瞬间，它一动不动（欧洲深山锹甲会保持这个几乎不动的姿势要比圣甲虫整整长 1 秒），只有它的前腿似乎在空中无助地摇晃着，因为它要尽可能地把身体直立起来。然后，翅膀开始以极高的速度挥动起来，欧洲深山锹甲沉重的身体几乎垂直地被弹射到空中（见第64页）。

超强的加速能力

  圣甲虫和欧洲深山锹甲的翅尖挥动的绝对速度极高（高达 15 米 / 秒）。它们翅膀缓缓展开的动作让人印象深刻，而翅膀振动的加速能力同样让人吃惊。让我们仔细看看高速照相机拍下的照片，注意第 98 张和第 100 张。这两张照片间隔的时间是 1/125 秒。在这段时间里，圣甲虫的翅膀从腹部下方挥动到背部上方，然后又回到腹部下方。甲虫翅膀从腹面速度为 0 的位置开始加速向上挥动，到中间位置时速度为 10 米 / 秒，所用时间为整个过程（1/125 秒）的 1/4（即 1/500 秒），翅尖的加速度是重力加速度的 500 倍。

转弯

转弯所需的倾斜角度与体重无关

　　每一种动物以及每一种交通工具（如自行车或飞机）在转弯时都需要一定的倾斜角度和转弯半径。在本页中，昭短尾叶鼻蝠（*Carollia perspicillata*）正在急转弯。它的翅膀的倾斜角 α 完全取决于飞行速度 v 和转弯半径 r，而与自身体重无关，即 $\tan\alpha = v^2/gr$。因此，如果一只燕子和一架飞机以相同的速度飞行，并以相同的倾斜角度转弯，则它们需要相同的转弯半径，即它们会沿着相同的曲线运动。反之，如果给定转弯半径和倾角，则可以计算速度。例如，当 $\alpha = 45°$，$r = 0.4$ 米时，则速度 $v = 2$ 米/秒（7.2 千米/时）。

既是飞行技术大师也是长途飞行高手

在快速飞行中穿过狭小的入室通道

与其他燕子不同，家燕（*Hirundo rustica*）在室内筑巢。家燕进入室内时，只需要杯子垫大小的通道，它们会在飞到通道之前的一瞬间收拢翅膀，快速穿门而入，堪称飞行技术大师。它们在自由飞行中猎食飞行的昆虫。觅食时，它们通常会飞得很低，这取决于它们寻找的昆虫的位置（比如在湖面上）。成年家燕在飞行时的样子是不会被错认的，因为它们拥有长且深深分叉的尾巴。

家燕是典型的候鸟

家燕每年都要往返于夏季的繁殖地和越冬地之间。它们按照固定的路线进行飞行迁徙。英格兰的家燕飞越西非，东欧的家燕途经东非，挪威的家燕则越过中非，最后它们全部到达非洲南部。这些线路之间也有一些交叉。这些家燕至少要飞行 5 000 千米，每年迁徙两次。每条路线都要穿越撒哈拉沙漠和地中海，其总长度达 3 000 千米以上。

高空虽很凉爽，但常有逆风

以前人们认为，像普通雨燕一样，家燕是一口气飞越地中海和撒哈拉沙漠的——中间不停歇，在高空中连续飞行 40 小时。今天，人们相信它们的迁徙策略可能类似于莺类，即分段迁徙，而且只在几百米的高度飞行，它们白天在绿洲中停歇，以躲避炎热的天气。高空之中可能比较凉爽，但通常会遇到顶风，所以，迁徙的鸟类必须经常根据气流情况调整飞行策略。

鸟类和昆虫的相互作用

选择过多而无从抉择

在加拉帕戈斯群岛上，一只北美黄林莺（*Dendroica petechia aureola*）发现了一个有许多苍蝇的地点。它熟练地用带有黏液的舌头抓住了一只苍蝇，随后又看到了另一只苍蝇。这时你会看到它进退两难，因为苍蝇的飞行速度非常快……

捕猎能否成功

非洲琵鹭（*Platalea alba*）捕捉到了一只巨型水蝽（*Belostoma*）。巨型水蝽拼命地挣扎着，试图逃走，有几次差点就成功了，非洲琵鹭最终还是将它的"大餐"吞了下去。巨型水蝽的长度超过10厘米，重约20克。

一个完整的振翅周期

50~60 赫兹振翅频率范围

本页图：五月金龟子正在飞行中，照片的拍摄速度为 500 帧 / 秒。10 张连续的照片记录了一个完整的振翅周期（第 1~5 张，翅膀挥动到腹面；第 6~10 张，翅膀挥动到背面）。因此，这只长度为 25~30 毫米的甲虫的振翅频率为 500/9 赫兹，即大约 55 赫兹。蜂鸟和蛾的飞行振翅频率也在

这一范围内（见第 16 页）。在这个短暂的时间内（译者注：约 1/50 秒，因为拍摄速度为 500 帧 / 秒，所以拍摄 10 张用时为 1/50 秒），甲虫运动了 6~7 毫米，其速度相当于 0.3 米 / 秒。与它们的近亲瓢虫一样（见第 141 页），五月金龟子的鞘翅也与膜翅一同振动，飞行时它们的身体几乎是垂直的。它们的两个触角像扇子一样展开，并且像鞘翅一样在振动，触角的作用是通过气味进行导航。本页中的雄性五月金龟子的触角上有 7 个分支，上面大约有 5 万个嗅神经细胞，可以帮助它寻找雌性金龟子。

2 赫兹的振翅频率

对页图：时间间隔为 1/12 秒的连续拍摄的照片。在这些照片中，两只凤头潜鸭正在互相追逐。把两只综合起来看，它们翅膀的运动基本是一个完整的振翅周期。通过计算可以得出，这只 45 厘米长的鸭子每秒能振翅两次。

体形大小和振翅频率

五月金龟子和凤头潜鸭的振翅频率之比约为 30：1，体长之比为 1：15。一般来说，有以下原理：在飞行动物中，体形大的振翅频率比体形小的低，飞行动物振翅频率范围为 1~1 000 赫兹。

小动物飞行时的雷诺数往往较低，因此不能和大型飞行动物直接进行流体力学方面的比较。

风头潜鸭（*Aythya fuligula*）

图片来源

第 7、10、11、12、13、14、54、72、79、81、83、125、166、170、171、172、173、175 页的手绘图由马库斯·罗斯卡尔绘制，第108、109、215页的照片由汉斯·F.保卢斯拍摄，其余照片、计算机绘图由格奥尔格·格莱泽提供。